Ufuk Mercan Yücel
Orhan Yılmaz

Sivrisinek kovucuların Toksik Etkilerine karşı Antioksidanların Rolü

Ufuk Mercan Yücel
Orhan Yılmaz

Sivrisinek kovucuların Toksik Etkilerine karşı Antioksidanların Rolü

Sivrisinek Kovucuların Erişkin Olmayanlardaki Olası Kronik Toksik Etkilerinden Korunmada Antioksidanların Etkileri

Türkiye Alim Kitapları

Impressum / Künye
Bibliografische Information der Deutschen Nationalbibliothek: Die Deutsche Nationalbibliothek verzeichnet diese Publikation in der Deutschen Nationalbibliografie; detaillierte bibliografische Daten sind im Internet über http://dnb.d-nb.de abrufbar.
Alle in diesem Buch genannten Marken und Produktnamen unterliegen warenzeichen-, marken- oder patentrechtlichem Schutz bzw. sind Warenzeichen oder eingetragene Warenzeichen der jeweiligen Inhaber. Die Wiedergabe von Marken, Produktnamen, Gebrauchsnamen, Handelsnamen, Warenbezeichnungen u.s.w. in diesem Werk berechtigt auch ohne besondere Kennzeichnung nicht zu der Annahme, dass solche Namen im Sinne der Warenzeichen- und Markenschutzgesetzgebung als frei zu betrachten wären und daher von jedermann benutzt werden dürften.

Deutsche Nationalbibliothek tarafından yayınlanan bibliyografik bilgiler: Deutsche Nationalbibliothek, bu yayını Deutsche Nationalbibliografie'de listeler; detaylı bibliyografik bilgi İnternet'te http://dnb.d-nb.de sitesinde mevcuttur.
Bu kitapta bahsedilen herhangi bir marka ve ürün adı, tescilli marka, marka veya patent korumasına tabidir ve ilgili sahiplerin ticari veya tescilli markalarıdır. Marka, ürün, ortak ve ticari adların, ürün açıklamalarının v.s. işbu eserde özel işaretleme olmadan bile kullanılması, hiçbir surette, bu çeşit adların tescilli marka ve marka korunması kanunu açısından kısıtlanmamış ve böylece herkes tarafından kullanılabilir olduğu şeklinde yorumlanamaz.

Coverbild / Kitap kapağı resmi: www.ingimage.com

Verlag / Yayıncı:
Türkiye Alim Kitapları
ist ein Imprint der / yayınevinin bir ticari markasıdır
OmniScriptum GmbH & Co. KG
Bahnhofstraße 28, 66111 Saarbrücken, Deutschland / Almanya
Email / E-posta: info@omniscriptum.com

Herstellung: siehe letzte Seite /
Basım yeri: son sayfaya bakın
ISBN: 978-3-639-81280-0

Zugl. / Onaylayan:: Van, Yüzüncü Yıl Üniversitesi, 2009

Sivrisinek Kovucuların Erişkin Olmayanlardaki Olası Kronik Toksik Etkilerinden Korunmada Antioksidanların Etkileri

Ufuk Mercan Yücel

İçindekiler

Simgeler ve Kısaltmalar

ALT	: Alanin aminotransferaz
AST	: Aspartat aminotransferaz
Ca	: Kalsiyum
CAT	: Katalaz
CoQ_{10}	: Koenzim Q10
DEHB	: Dikkat eksikliği hiperaktivite bozukluğu
DOPAC	: 3,4-dihidroksifenilasetik asit
EPA	: Environmental Protection Agency (Çevre Koruma İdaresi)
fL	: Femtolitre
GABA	: γ-aminobütirik asit
GGT	: Gama-glutamil transferaz
GSH	: Glutatyon
GPx	: Glutatyon peroksidaz
GSSG	: Okside glutatyon
GST	: Glutatyon-S-transferaz
H_2O_2	: Hidrojen peroksit
HVA	: Homovallinik asid
LC_{50}	: Lethal Concentration$_{50}$- Öldürücü Yoğunluk$_{50}$
LD_{50}	: Lethal Dose$_{50}$-Öldürücü Doz$_{50}$
LPO	: Lipit peroksidasyon
Mg	: Magnezyum
MAO	: Monoamin oksidaz
MDA	: Malondialdehit
PBO	: Piperonil butoksid
pg	: Pikogram
ROS	: Reaktif oksijen türleri
SOD	: Süperoksit dismutaz

SGPT	: Serum glütamik pirüvik transaminaz
TBARS	: Tiobarbitürik asit reaktif substans
WHO	: Dünya Sağlık Örgütü

Çizelgeler

Şekiller

1. Giriş

İnsanlar, yüzyıllar boyunca kendine, hayvanlarına ve kültür bitkilerine zarar veren, salgın hastalıkların bulaşmasında ve yayılmasında taşıyıcı rol oynayan pestlerle sürekli savaşmak zorunda kalmışlardır. Bu amaçla, zararlıları kontrol etmek için bugüne kadar uygulanan en yaygın metodlardan biri pestisid kullanımıdır. Pestisid, EPA (Environmental Protection Agency) tarafından herhangi bir zararlıyı uzaklaştırmak, azaltmak, baskılamak ya da bozmak için kullanılan bir madde ya da madde karışımı olarak tanımlanmaktadır. Ülkemizde 2002 yılı itibariyle kullanılan pestisid miktarı 12.198.917 kg'dır (Delen ve ark., 2005). 1940'lı yıllara kadar insan, hayvan ve tarımsal ürünlere zarar veren pestlerle mücadelede arsenikli, florlu bileşikler, piretrum, rotenon, nikotin, kükürtlü ve bakırlı kimyasal maddeler kullanılmıştır. Belirtilen tarihten itibaren, sentetik ve modern insektisitler dönemi başlamış ve böylece 1942'de DDT, II. Dünya Savaşını izleyen yıllarda da organik fosforlu bileşikler insektisit olarak kullanıma sunulmuştur (Şanlı ve Kaya, 1994).

Açık ve kapalı alanlarda yaşayan pek çok uçan ve yürüyen böcek çeşitleri, insanoğlunun en sık karşılaştığı düşmanları konumundadır. Çok farklı tür ve sınıflardan sivrisinekler, karasinekler, bitler, pireler, uyuz etkenleri, hamam böcekleri, tatarcık ve benzeri sokucu ve kan emici insekt çeşitleri doğrudan saldırarak ısırmak, sokmak ve kan emmek suretiyle bir taraftan insanların yaşam kalitesini bozup olumsuz yönden etkilerken, diğer taraftan da aracılık ettikleri bakteriyel, viral ve paraziter kökenli hastalık etkenlerini taşımak suretiyle toplum sağlığını sürekli tehdit ederler. İnsanlarda olduğu gibi evcil hayvanlar da çok sayıda ve çeşitte iç ve dış parazitlerin hücumuna uğrarlar. Dolayısıyla bu parazitler ekonomik değeri olan hayvan türlerinde verim kaybına yol açarlar. Halk sağlığının korunması, yaşam kalitesinin iyileştirilmesi ve bulaşıcı hastalıkların etkin bir şekilde eradike edilebilmesi için belirtilen parazit çeşitleriyle sürekli mücadele edilmesi kaçınılmazdır. Ancak pestlerin kontrolünde, vazgeçilmez kimyasal mücadele aracı olan pestisidlerin çoğunluğu, esas hedefleri olan haşerelere karşı seçkin etkinlik göstermediklerinden, insan ve hayvanlarda da zehirleyici olabilir. Ayrıca suistimal derecesinde, bilinçsizce ve kontrolsüz bir şekilde kullanılmaları halinde, sağlık üzerinde olumsuz etkilere yol açabilirler. Nitekim insan ve hayvanlarda neden oldukları akut ve kronik zehirlenmeler, yol açtıkları evrensel nitelikli çevre kirlenmesi sorunları, karsinojenik ve mutajenik etki riski olasılıkları, pek çok pestisid çeşidine karşı bütün dünyada yaygın bir ürperti doğmuştur (Şanlı, 1998).

Pestisitler içerisinde insektisitler, çok yönlü ve yaygın şekilde kullanılmaları, yüz binlerce ton ifade eden ölçülerde tüketilmeleri, insanlar ve evcil hayvanlara yönelik yüksek düzeyde toksisite riski yaratmaları ve yaygın nitelikli çevre ve besin kirlenmesi sorunlarına yol açmaları bakımından en önemli grubu oluştururlar (Şanlı ve Kaya, 1994). Organik klorlu, organik fosforlu ve karbamat grubu insektisitler, tarım ve hayvancılık alanları ile insanlar için zararlı böcekleri kontrol etmek amacıyla uzun yıllar boyunca kullanılmışlardır. Ancak insektisitlerin tümünün insan da dahil olmak üzere omurgalılarda toksik etkileri olması nedeniyle, 1970'lerden itibaren zorunlu olarak alternatif kimyasallara veya zararlı kontrolünde biyolojik kontrol metodlarına gerek duyulmuştur (Casida, 1980). 1970'li yıllarda organik klorlu insektisit kullanımının giderek kısıtlanması veya tümüyle yasaklanması üzerine, pestlere karşı seçkin nitelikli toksisite gösteren, buna karşın gelişmiş canlılara yönelik toksisiteden nisbeten arınmış ve aynı zamanda çevresel sorunlara yol açmayan pestisid çeşitlerinin geliştirilmesine yönelik çalışmalar sonucunda piretroidler ve sübstitüe amin türevleri gibi insektisitler geliştirilmiştir (Şanlı, 1998). Piretroid insektisitler, bitkisel orjinli naturel piretrinlerin sentetik analoglarıdır. Bu sentetik insektisitler 1970'lerden itibaren tarımsal alanda ve halk sağlığında zararlı böcekleri kontrol altına almak için geniş ölçüde kullanılmaya başlanmıştır. Günümüzde sentetik piretroidlerin yaklaşık 1000'in üzerinde ticari preparatı bulunmaktadır (ATSDR, 2003).

2. Genel Bilgiler

2.1. Piretrin ve Piretroidlerin Tanımı ve Özellikleri

2.1.1. Piretrinler

Naturel piretrinler papatya benzeri, otsu, beyaz çiçekli bir bitki olan *Chrysanthemum cinerariafolium* (krizantem, kasımpatı) bitkisinin çiçeklerinde bulunur (WHO, 2005). Krizantem çiçeklerin toz edilmesiyle ya da krizantem çiçeklerinde bulunan yağın aseton, asetik asit ve petrol eteri gibi çözücülerde özütlenmesi ile ham piretrum hazırlanır. Piretrumda, yağ çözücülerinde kolay çözünen *Piretrin I* ve *II*, *Sinerin I* ve *II*, *Jasmolin I* ve *II* isimli ester yapılı etken maddeler bulunur; bunlar suda çözünmeyen sıvı maddelerdir. Çiçeklerdeki piretrin ve sinerinlerin oranı %0.8-2 ve organik çözücülerle ayrılan kısım ise %20-25 dolayındadır. Piretrinler ışığa son derece duyarlıdırlar; ilaç püskürtülen veya uygulanan yüzeylerin 5 saat süreyle hava ve güneş ışığının etkisinde bırakılmasıyla etkinliğini %70 oranında kaybederken, karanlıkta 7 saatte oluşan kayıp sadece %5 kadardır (Kaya ve ark., 1998).

Eski Yugoslavya toprakları üzerinde olan Dalmaçya'daki bir halk hikâyesine göre, yaşlı bir kadın beyaz papatyalara benzeyen bir çiçeği toplar. Çiçek solduğunda bir köşeye atar; daha sonra dönüp baktığında solmuş çiçeklerin çevresinde ölü böcekleri fark eder ve krizantem ailesinden olan bu çiçek çeşidinin böcekler üzerinde öldürücü etkisi bu şekilde fark edilir (Anonim, 2009a). Krizantem çiçeklerinden elde edilen piretrinler, 1800'lerden beri insanlar tarafından bilinmektedir (Vural, 1984; Casida, 1980). Ancak bu bileşiklerin esas yapısal özellikleri ilk olarak 1924 yılında iki İsviçreli kimyacı Herman Staundinger ve Leopold Ruzicka tarafından açıklanmıştır (Casida, 1980). Piretrum ekstraktlarının 1965 yılında tüm dünyada yaklaşık olarak 20.000 ton piyasaya sunulduğuna dair kanıtlar bulunmaktadır (Ecobichon, 1996). Daha sonra yapılan çalışmalarla, bu bileşiklerin kimyasal yapılarında bazı değişiklikler yapılarak sentetik analoglar olan piretroid insektisidler geliştirilmiştir (Casida, 1980). Piretrinler, piretroidler olarak bilinen çok sayıdaki sentetik analogların prototiplerini oluştururlar (Coats, 1990; Casida, 1980; Bradbury ve Coats, 1989). Yani piretroidler, doğal insektisit piretrumun altı insektisidal bileşeni olan piretrinlerin yapılarına dayalı olarak tasarlanırlar (Elliott, 1995). Sentetik analogların geliştirilmesi çalışmaları, piretrinlerin kararsız bileşikler olması nedeniyle daha kararlı, daha fazla insektisidal aktiviteye sahip ve daha güvenilir insektisidlerin geliştirilmesi esasına dayanır (Casida, 1980).

Piretrinlerin insektisidal nitelikleri, krizantemik ve piretroik asitlerin ketoalkolik esterlerinden ileri gelir. Bu asitler güçlü şekilde lipofiliktirler ve hızlı bir şekilde birçok böcek tarafından penetre edilerek onların sinir sisteminde felce yol açarlar (Soderlund ve ark., 2002).

2.1.2. Piretroidler

Piretroidlerin çoğunluğu başlangıçta piretrinlerin alkol parçasındaki varyasyonla, siklopropan karbolik asitler kullanılarak üretilmişlerdir. Fakat fenvalerat gibi bazı piretroidler siklopropan halkası taşımazlar. Piretroidlerin bir kısmı bir siyano grup ihtiva ederken, bir kısmı etmez. Bu önemli bir farktır. Çünkü siyano grubu ihtiva eden bileşikler, siyano grubu ihtiva etmeyenlerden, toksik maddeye maruz kaldıktan sonra gözlenen semptomlar ve etki mekanizmaları yoluyla ayrılırlar. İzomerizm siklopropan halkasının çevresinde olduğundan dolayı her bir bileşiğin çok sayıda izomeri olabilir. Örneğin, tetrametrin ve fenvaleratın dört izomerik formu vardır. Değişik izomerlerin toksisitesi de farklıdır. Piretroidler suda çözünmezler, fakat birçok organik çözücüde kolay çözünürler (Ecobichon ve Robert, 1982).

Piretroidler etki hızlarına göre yere serici (tetrametrin, siflutrin gibi) ve öldürücü (permetrin, deltametrin gibi) etkililer diye iki gruba ayrılırlar. Ayrıca kimyasal yapılarına ve etkilerine göre Tip I ve Tip II piretroidler olarak da sınıflandırılırlar (Coats, 1990; Verschoyle ve Aldridge, 1980). Sınıflandırmada genelde bu ayrım esas alınır. Tip I piretroidler, moleküllerinde alfa-siyano grup ihtiva etmezler ve 3-fenoksibenzil esterleridir. Tip II bileşikler ise alfa-siyano grup ihtiva ederler ve alfa-siyano-3-fenoksi-benzil piretroidlerdir. 3-fenoksibenzil esterleri (fenotrin ve permetrin), pestisit olarak daha aktiftir. Tip I piretroidler; alletrin, tetrametrin, resmetrin, d-fenotrin, bioresmetrin ve permetrinden oluşur. Tip II piretroidlerin bazıları ise sipermetrin, siflutrin, deltametrin, sifenotrin, fenvalerat ve fluvalinat'dır (Klaassen ve ark., 1996; Ray, 1991). Tip I piretroidler arka arkaya sinir hücresi boşalmasının ortaya çıkmasıyla özelleşirken, Tip II piretroidlerde öldürücü ve sinir bloke edici etkinlik ısı değişikliğiyle aynı yönde ilişkilidir. Tip I bileşiklerin etki şekli ve zehirlenme semptomları DDT'ninkine çok benzer (Kaya ve ark., 1998).

Piretroidler, oluşturdukları semptomlara göre de ''T'' (tremor) ve ''CS'' (choreoathetosis {tüm vücutta meydana gelen kıvrılma hareketi}/salivasyon) sendrom olarak ikiye ayrılırlar. Fakat piretroidleri ''T'' ve ''CS'' sendromlarına göre sınıflandırma klinik olarak kullanılmaz. Tip I piretroidler sıçanlarda saldırgan davranışlar, eksitasyon, ataksi, tüm vücutta titreme, konvülsiyonlar ve memelilerde gittikçe ilerleyen paralizlerin görüldüğü Tip I zehirlenme sendromu ya da ''T sendrom'' ile karakterize edilirken, Tip II piretroidler sıçanlarda hipersensitivite, choreoathetosis, tremorlar, klonik nöbetler, aşırı salivasyonun görüldüğü ''CS sendrom'' olarak bilinen Tip II choreoathetosis sendrom ile karakterize edilirler (Narahashi, 1985; Verschoyle ve Aldridge, 1980; Vijverberg ve Van den Bercken, 1990). Tip II sendrom merkezi sinir sistemi, Tip I sendrom ise periferal sinir sistemi ile ilgili semptomları kapsar. Permetrin gibi birçok piretroid her iki grubun semptomlarını meydana getirmesine rağmen, genelde iki gruptan birine yerleştirilir (Lawrence ve Casida, 1982).

Piretroidlerin, doğal piretrinlere göre daha uzun süreli ve güçlü yere serici etkileri vardır. Piretroidler ışık, ısı, hava ile diğer fiziki, kimyasal ve biyolojik etkilere karşı oldukça dayanıklıdırlar. Uygulandıkları yerlerde bazıları 1-2 hafta ve bazıları da 12-14 hafta süreyle etkinliklerini sürdürebilirler. Ayrıca piretroidler düşük dozda etkiyen ve etki spektrumları geniş olan kontakt insektisitlerdir (Kaya ve ark., 1998).

Piretrinler ve sentetik analogları olan piretroidler, insektisidal aktivitelerinin yüksek oluşu, memelilerdeki toksisitelerinin düşük oluşu, kararlı bileşikler olmaları ve çevrede kalıntı bırakmamaları gibi özellikleri nedeniyle çok geniş spektrumlu ve güvenilir insektisid grubu olarak kabul edilirler (Vural, 1984; Klaassen, 1985; Casida, 1980; Bradbury ve Coats, 1989). Bunlara ilaveten çok çabuk etki gösterdikleri için evlerde, veteriner hekimlikte ve ziraatte zararlıların kontrolünde kullanılan insektisitlerin büyük çoğunluğunu oluştururlar (Vural, 1984; Klaassen, 1985; Casida, 1980; Valentine, 1990).

Piretroidler geniş ölçüde ektoparaziter ve insektisidal spektruma sahiptirler. Etki alanına giren ektoparazit çeşitleri arasında mera ve mesken keneleri, uyuz etkenleri, sokucu ve emici bit türleri, pireler, kan emici böcek ve sinek çeşitleri bulunur. Birçok üstün özellikleri nedeniyle piretroidler, son yıllarda açık ve kapalı alanlarda sinek ve sivrisinek mücadelesinde, vektör kontrolü çalışmalarında, barınak ve evcil hayvanların ektoparazitlerinin sağaltımında geniş bir kullanılma alanı bulmuştur (Şanlı, 1998). Özellikle sivrisineklerle mücadele insan ve hayvan sağlığı açısından büyük önem arz eder. Çünkü sivrisinekler bulaşıcı hastalıklara aracılık eden canlılar arasında biyolojik potansiyelleri en yüksek olan vektörlerdir (Alten ve Çağlar, 2001). Organik klorlu ve organik fosforlulardan daha güvenli olduğu ve hastalık yayıcı sivrisineklere karşı koruyucu olarak başarılı bir şekilde kullanıldığından dolayı piretroid insektisitlerin tüketimi oldukça artmıştır ve tüketim oranı dünya çapında insektisit piyasasının %25'ini kapsamaktadır. Binlerce ton alletrin, d-alletrin, bioalletrin, esbiotrin ve S-bioalletrin ev haşerelerinin kontrolü için üretilmekte ve kullanılmaktadır. Sentetik piretroidler, sivrisinek kovucu olarak evlerimizde genellikle aerosol, mat, spiral ve sıvı buhar halinde kullanılırlar (WHO, 1989). Diğer birçok insektisite göre daha çok tercih edilmelerine ve kullanımlarının oldukça yaygın olmasına rağmen özellikle ev gibi kapalı ortamlarda uzun süreli piretroid kullanımı halen endişe konusudur.

2.1.3. Piretroidlerin biyolojik metabolizması

Hayvanlarda piretroidlerin metabolizması iki nitelik ile kontrol edilir: 1) Yüksek derecede lipofilik olmaları, 2) Birçok bölgeden metabolik ayrışmaya yatkınlıkları. Piretroidlerin lipofilik özelliği, gastrointestinal ve solunum yollarında absorbsiyona yardımcı olur; fakat ciltte absorbsiyonu sınırlar ve aynı zamanda merkezi ve periferal sinir sistemi ile yağdan zengin iç dokularda da öncelikli dağılım göstermesine neden olur. Piretroidler absorbe edildikten sonra başlıca yağ doku, mide, bağırsak, karaciğer, böbrek ve sinir sistemine hızla dağılırlar. Memelilerde karaciğerde bulunan hidrolazlar ve sitokrom P450'ye bağlı monooksijenazlar tarafından çok hızlı metabolize edilerek asit ve alkole dönüştürülürler (Crawford, 1981). Ticari piretroidler molekülün çok önemli yapısı olan ester grubuna sahiptirler. Memelilerde *in vivo* olarak detoksifikasyonun ilk aşamasında muhtemelen spesifik olmayan karboksilazlar tarafından estere ayrılırlar. Daha sonra bu ayrılmayı, sitokrom P450 sisteminde hidroksilasyon reaksiyonları ve birkaç konjugasyon reaksiyonu takip eder (Kaneko ve ark., 1981; Heder ve ark., 2001). Memelilerde toksisitesinin düşük olması, metabolitlerinin önemli derecede toksik olmadığını gösterir. Sıçanlara ağız yoluyla verilen alfa sipermetrin, 3-(4-hidroksifenoksi) benzoik asidin sülfat konjugatı olarak idrarla ve kısmen değişmemiş olarak dışkıyla atılır (IPCS, 1992). Bununla beraber, mesleki olarak piretroidlere maruz kalan insanlarda yapılan çalışmada, ürede ana bileşiğin değişmeden bulunduğu da bildirilmiştir (Zhang ve ark., 1991; Chen ve ark., 1991). Bir defada ağız yoluyla verilen alfa sipermetrinin yaklaşık %78'i ilk günde, %90'ı 4 gün içinde vücuttan atılır (IPCS, 1992). Ayrıca, alfa siyano grup taşıyan piretroidlerin siyano grubu olmayan piretroidlere göre vücuttan daha yavaş atıldığı bildirilmiştir (Litchfield, 1985; Kakko, 2004). Doğal piretrinler yağda kolayca çözünür, fakat çabucak indirgendiği için vücutta birikmez (Kaya ve ark.,1998).

Piretroidler değişik sivrisinek kovucu formülasyonlarda çoğu kez etki, stabilite ve çevredeki sürekliliğini arttırmak için sinerjistler olarak bilinen piperonil butoksid (PBO) gibi kimyasallarla birleştirilirler. PBO, böcekleri kontrol etmek için genellikle piretrin ve piretroid ürünlerinin bir bileşeni olarak kullanılır. Piretroidlerin insektisidal nitelikleri oksidatif metabolizmayla sona erdiği halde, bir sitokrom P450 inhibitörü ve orta derecede aktif hepatik enzim azaltıcı olan PBO, piretroidlerin insektisidal etkisini güçlendirir. PBO, tüm piretroidlerin ev sinekleri ve diğer bazı böceklere karşı toksik etkisini 10-300 kat kadar artırmaktadır. Bu etki, PBO'in böceklerde piretroidlerin oksidatif yıkımlanmasının inhibisyonunu arttırması temeline dayalıdır (Casida ve ark., 1983; Takahashi ve ark., 1994).

2.1.4. Etki şekilleri

Piretroid insektisitlerin hedef organizmalardaki toksik etki alanları, sinir liflerindeki sodyum kanallarıdır (Casida, 1980; Bradbury ve Coats, 1989). Etki prensipleri, sodyum kanallarının kinetiklerini değiştirmek ve böylece sinir sisteminin fonksiyonlarını tamamen bozmaktır (Casida, 1980; Casida ve ark., 1983). Piretroidlerin toksik etkileri, insektisidin kimyasal yapısına, sterik konfigürasyonuna (Coats, 1990; Casida, 1980; Bradbury ve Coats, 1989), insektiside maruz kalma şekline ve maruz kalan canlı türünde insektisidin metabolizmasına bağlı olarak değişiklik gösterir (Casida, 1980; Bradbury ve Coats, 1989). Fakat genel olarak piretroid insektisitlerin memeliler üzerinde önerilen dozlarda çok düşük toksisite oluşturdukları belirtilmektedir (Casida, 1980; Casida ve ark., 1983).

Piretroid insektisitler, doğal piretrinlere benzer şekilde, temas ve mide zehiri olarak etkirler. En dikkat çekici özellikleri insektler üzerinde hızla gelişen yere serici etkinliğe sahip olmalarıdır. Lipoidde çözünme özellikleri sayesinde insekt kütikulasında hızla emilerek toksik etkilerini gösterirler. Bir yandan yüzeysel sinir gangliyonlarına tutunarak parazitin bütün etkinliğini bloke ederken, diğer taraftan sinir zehiri olarak davranmak suretiyle insektlerde şiddetli sinirsel uyarı, uyumsuzluk, konvülsiyon ve felç sonucu ölüme neden olurlar. Ayrıca, insekt yapısındaki enzimatik etkilere ve çevre koşullarına da dayanıklı olduklarından yeterli ölçüde kalıcı etkiye de sahiptirler (Şanlı, 1998).

2.1.5. Piretroidlerin nörotoksik mekanizması

Piretroidler, lipofilik yapısından dolayı sinir sitemine hızlı bir şekilde ulaşır (Aldridge, 1990) ve sinir dokusunun hücre membranına bağlanır. Bu bağlanma, membranın fosfolipit düzenini bozar ve membranın akışkanlığını değiştirir (Kakko ve ark., 2003). Hücresel seviyede, piretroidler çeşitli biyokimyasal ve fizyolojik hedef bölgeleri üzerine etki gösterirler (Narahashi, 1996). Hem omurgalılar hem de omurgasızlarda aynı hedef bölgesinde etkilidir. Bu hedef bölge sinir membranının sodyum kanallarıdır. Fakat memeli sodyum kanalı piretroidlere daha az hassastır. Piretroidler yüksek affinite gösterdikleri sodyum kanallarındaki toksik etkilerini, her bir sinir uyarısının oluşumu ve taşınmasının temeli olan bu kanalların fonksiyonlarında değişiklikler meydana getirerek gösterirler (Narahashi, 1996; Zlotkin, 1999).

Sodyum kanalı normalde depolarizasyon sırasında sadece birkaç milisaniye açık kalır. Oysa piretroidlerin sodyum kanallarına bağlanması kanalın daha uzun süre açık kalmasına neden olur (Ruigt ve ark., 1987; Holloway ve ark., 1989). Piretroidler, memeliler ve omurgalıların sinirsel membranlarında, onların kapanmasını geciktirmek için voltaj duyarlı sodyum kanallarının giriş niteliklerini değiştirirler. Membranın lipit fazında çözünerek, sodyum kanalının alfa alt ünitesindeki bir reseptör bölgesine bağlanırlar. Sodyum kanalı geçiş devresine ait durum, aktivasyon kapısı ve inaktivasyon kapısı olarak anılan iki ayrı kapanma mekanizması tarafından kontrol edilir. Piretroidler; aktivasyonu, yani voltaja duyarlı sodyum kanallarının açılmasını, ayrıca inaktivasyon oranını, yani voltaja duyarlı sodyum kanallarının kapanmasını yavaşlatır ve voltaja duyarlı sodyum kanallarını aktive eden (yani açan) membran potansiyelini, daha fazla hiperpolarize potansiyelle değiştirirler. Sonuçta piretroidler daha fazla sodyum iyonlarının geçişine ve sinirsel membranların depolarizasyonuna yol açarak, sodyum kanallarının daha uzun süre açık kalmasını sağlarlar (Trainer ve ark., 1997; Flannigan ve Tucker, 1985).

Tip I ve Tip II piretroidler sodyum kanalı üzerine aynı etkiye sahiptir, fakat Tip II piretroidlerin kanalı daha uzun süre açık tuttukları bildirilmiştir (Kakko, 2004). Bu iki grup arasındaki etki düzeyinin farkı sadece sodyum kanallarına farklı bağlanma affinitesi değil, aynı zamanda fizikokimyasal (lipofilik olma gibi) nitelikleri ile ilgili olabilir (Motomura ve Narahashi, 2001). Siyano grup taşımayan Tip I piretroidler, kısa ve birkaç düzineden daha az sayıda tekrar eden sinir uyarıları gönderilmesine neden olur. Diğer taraftan, siyano gruba sahip olan Tip II piretroidler, sodyum kanalının çok daha fazla süre açık kalmasına ve yüzlerce ya da binlerce tekrar eden sinir uyarılarına neden olurlar. Bazı durumlarda tekrarlı elektriksel uyarıların, kanalı 30 saniyeden fazla açık tuttukları bildirilmiştir. Alıcı (sensory) nöronlarda piretroidin deriyle temas etmesinden dolayı, bölgesel bir etki olarak depolarizasyon meydana gelir ve merkezi sinir sistemine iletilir. Normalde sinir membranın içi dışarıya oranla daha negatiftir (istirahat potansiyeli). Piretroidlerin membrana bağlanması sonucu, hücre içine sodyum akışının uzaması, sinir hücresi içinin dışarıya oranla daha pozitif hale geçmesine ve böylece membranın depolarizasyonuna neden olur. Depolarizasyon eşik değere ulaştığı zaman, sinir uyarıların sürekli iletimi sinir sisteminin çeşitli bölgelerinde başlatılabilir. Aynı zamanda membran depolarizasyonu, sinir uyarılarının artmasının baskılanması ve sinir sisteminin çeşitli bölgelerinde meydana gelebilecek uyarıların bloklanmasına neden olur. Yani, piretroidler sinaptik iletimi bozarak transmitter salınımını arttırır ve depolarizasyon sinir iletimini bloke eder (Vijverberg ve Bercken, 1990). Böylece, aşırı-uyarılma, ataksi, sarsılma ve sonunda felç ile karakterize edilen sinir kaslarıyla ilgili bozukluklar meydana gelir (Narahashi, 2000).

Piretroidler tarafından sodyum kanal fonksiyonunun bozulması, yarışmalı olarak bağlanan 1R ve 1S cis izomer ve başka bir yere yarışmasız olarak bağlanan 1R ve 1S trans izomer ile büyük ölçüde stereospesifiktir (Narahashi, 1996; Soderlund, 1985; Soderlund ve ark., 2002). 1S formları kanalın fonksiyonunu değiştirmezler, fakat 1R izomerleri kanalın etkisini bloke ederler. Bütün memelilerde 1R izomerler daha aktiftir, 1S izomerler ise inaktiftir ve toksik değildir. Voltaja duyarlı sodyum kanallarının fonksiyonunun en etkili bozucusu olan 1R izomerler aynı zamanda en etkili insektisidal ve toksikolojik güce sahiptirler. Ayrıca siklopropan halkasının üçüncü karbonundaki izomerizim, insektisidal aktiviteyi gösteren cis ve trans izomerleri verir (Elliott ve ark., 1978). Cis izomerler, trans izomerlerden 10 kat daha etkilidir (Gray, 1985).

Piretroidlerin etkisi için diğer potansiyel moleküler hedefler; klor kanalları, ATPaz'lar, GABA reseptörleri, glutamat reseptörleri, asetilkolin reseptörleri ve voltaja duyarlı kalsiyum kanallarıdır (Hagiwara ve ark., 1988; Satoh, 1995; Forshaw ve ark., 2000; Soderlund ve ark., 2002; Kakko ve ark., 2003).

Voltaja duyarlı klor kanallarının da piretroidlerin hedef bölgesi olduğu ileri sürülmektedir (Forshaw ve Ray, 1990). Voltaja duyarlı klor kanalları beyin, sinir, kas ve tükrük bezlerinde bulunur ve membran uyarılabilirliğini kontrol eder. Sodyum kanallarının aksine birçok farklı tür klor kanalları bulunmaktadır. Fakat piretroidlere karşı fazla duyarlılık gösteren kanallar maksi klor kanalı sınıfına aittir (Franciolini ve Petris,

1990). Maksi kanallar, depolarizasyonla aktive olma, yüksek iletim kapasitesine sahip olma, kalsiyuma bağlı olmama ve protein kinaz C fosforilasyon yoluyla inaktive olma gibi özelliklere sahiptirler (Forshaw ve Ray, 1993). Deltametrin ve fenvaleratın *in vitro* olarak maksi klor kanallarını etkiledikleri görülmüştür. Deltametrin memelilerde zehirlenmeye yol açabilecek yeterli konsantrasyonlarda klor kanalı akımını düşürür (Forshaw ve ark., 1993).

Voltaja duyarlı kalsiyum kanalları piretroidlerin diğer bir hedef bölgesidir ve 10^{-7} M'da deltametrin ile görülebilen T-tip kalsiyum akımları üzerine başlıca etkisiyle böceklerde oldukça etkilidir (Duce ve ark., 1999). Voltaja duyarlı kalsiyum kanalları, uyarılabilir membranlarda, nörotransmitterlerin ve diğer sekresyonların salınımını kapsayan çok sayıdaki hücresel olayları ayarlamak, metabolik düzenleme, hücre proliferasyonu, kas kasılması ve gen ifadesinin kontrolü gibi birçok fizyolojik fonksiyonda görev alır. Voltaja duyarlı kalsiyum kanalları Tip I piretroid olan alletrin tarafından güçlü bir şekilde bloke edilir. Bu blokaj tamamen dönüşümlüdür. Alletrin kalsiyum kanalları kinetiklerini değiştirir ve kalsiyum kanallarının inaktivasyon oranlarını arttırır. Fakat kalsiyum kanallarının voltaja bağlı aktivasyonunu etkilemez (Hildebrand ve ark., 2004).

GABA reseptör-klor iyonofor kompleksi memeli sinir sisteminde inhibitör nörotransmisyonun en önemli mediyatörlerindendir (Macdonald ve Olsen, 1994). Presinaptik sinir uçlarından GABA (γ-aminobütirik asit) salınımı, postsinaptik sinir ucunun hiperpolarizasyonuna yol açan ve böylelikle postsinaptik siniri uyarmak için bu terminale uyarıcı alımının miktarında artış gerektiren postsinaptik membranda, klor kanalını aktive eder. Oldukça yüksek konsantrasyonlarda piretroidler GABA-kapılı klor kanallarını da etkiler ve bu etki muhtemelen ciddi Tip II zehirlenmeye eşlik eden nöbetlere katkıda bulunur. Tip II bileşikler, sinir uçlarından GABA salıverilmesini arttırırlar. Voltaja duyarlı klor kanallarıyla olduğu gibi bu etki sadece Tip II piretroidlerle görülür (Bloomquist ve ark., 1986).

Periferal benzodiazepin reseptörlerinin de piretroidlerin etki bölgesi olduğu düşünülmektedir (Devaud ve ark., 1986). Hem Tip I (permetrin) hem de Tip II (sipermetrin, deltametrin, fenvalerat) piretroidlerin düşük dozlardaki prokonvülzan etkisi, hücre içinde periferal benzodiazepin reseptör antagonisti PK11195 tarafından bloke edilmiştir.

Piretroidlerin iyon kanalları ile olan etkileşiminin mekanizması henüz bilinmemektedir. Fakat deltametrin, fenvalerat, sipermetrin ve alletrin, protein kinaz C-bağımlı protein fosforilasyonunu uyarırlar. Deltametrin, 10^{-13} gibi çok düşük konsantrasyonda hücre içinde direkt mekanizma ile etki gösterir (Enan ve Matsumura, 1993). Çünkü hem sodyum, hem de klor iyonu kanalları aktivitesi fosforilasyon durumuyla ayarlanır. Piretroidler, fosforilasyon kapasitesi olmaksızın direkt olarak etkileme kapasitesine de sahiptirler; fakat bunun için yüksek konsantrasyonları gerekir (Forshaw ve ark., 1993).

Asetilkolinin nikotinik reseptörü omurgalıların nöromüsküler bağlantısında uyarıcı sinirsel iletimin bir mediyatörüdür. Nikotinik reseptörler, reseptöre asetilkolinin bağlanmasıyla açılan ve seçici olmayan katyon kanalından şekillenen pentamerik yapılardır (Vafa ve Schofield, 1998). Yapılan çalışmalarda deltametrinin serebellumdaki asetilkolin miktarında %52 azalışa sebep olduğu belirlenmiştir. CS sendroma sebep olan piretroidler, yüksek potasyum ile depolarize olmuş sıçan beyin sinaptosomlarından Ca^{2+}-bağlı norepinefrin salınımını arttırırken, T sendroma sebep olan piretroidler salınımın uyarılmasında daha az etkilidirler. Deltametrin, siyalotrin ve alletrin, antikolinesteraz aktivitesi üzerine direkt etkiye sahip değildir (Ray ve Cremer, 1979; Hossain ve ark., 2004) ve kasın asetilkolin duyarlılığında çok az etkileri vardır. Fakat 10^{-7} M'da, asetilkolinin aktive ettiği kalsiyum akımını inhibe eder ve nikotinik reseptörün desensitizasyonunu yavaşlatırlar (Sherby ve ark., 1986). Bu merkezi sinir sisteminde bir dereceye kadar nikotinik iletimin potensiasyonuna yol açar.

Piretroidler, sinirlerde Ca, Mg-ATPaz ve Ca-ATPaz'ın etkinliğini güçlü biçimde engellerler. Bunlardan Ca-ATPaz Tip I piretroidlere daha duyarlıdır (Kaya ve ark., 1998; Ecobichon, 1996). Tip I ve Tip II piretroidler plazma noradrenalin, adrenalin seviyesinde aşırı artışa yol açarlar. Deltametrin, sipermetrin ve fenvalerat beyin sinaptosomlarından salınan noradrenalinin stimülasyonunda çok duyarlı etkiye sahiptirler (Brooks ve Clark, 1987). Noradrenalin salınımı kalsiyumun hücre içine girişindeki artışla paraleldir. Deltametrinin önemli ölçüde plazma noradrenalin seviyesinde artışa neden olduğu bütün hayvanlarda noradrenerjik etkiler görülür (Forshaw ve Bradbury, 1983). Ayrıca alletrin, sipermetrin, fenvalerat ve permetrinin striatumda dopamin metabolitlerinin seviyesini arttırdığı tespit edilmiştir (Doherty ve ark., 1986). Piretroidler, glutamatın beyne girişini de arttırırlar. Beyindeki glutamat miktarının artması, beyin hücrelerinin aşırı uyarılmasına ve sonuçta bu hücrelerin ölümüne yol açar (Vaccari Am Ruiu ve ark., 1998). Tip I piretroidler plazma laktat, Tip II piretroidler ise plazma glukoz seviyesinde artışa sebep olurlar (Ecobichon, 1982).

2.1.6. Piretroidlerin memeli ve böceklerdeki toksisite farkı

Piretroidlerin başlıca avantajı, böceklerde oldukça toksik, memelilerde ise hızlı metabolizmadan dolayı düşük toksisiteye sahip olması ve toprakta birikmemesidir (Kakko, 2004). Böceklerde bu bileşikler, yeterli doz verildiği zaman hızlı yere serici ve öldürücü, güçlü paralitik zehirlerdir. Piretroidler böceklerde, memelilerden 2250 kez daha zehirlidirler. Piretroidlerin hem memeliler hem de böcekler için başlıca etki şekli (sodyum kanalının kinetiklerini değiştirmek) aynıdır. Ancak enzimatik biyotransformasyonu, detoksifikasyonu ve atılımının yüksek oranlarda olmasından dolayı, memelilerde düşük toksisiteye sahiptir. Memelilerle karşılaştırıldığında, tetrametrinin böceklerdeki etkisi 5 kat daha fazladır. Bu durum, böceklerdeki vücut sıcaklığının kısmen düşük olması ve kısmen de daha yavaş olan enzimatik detoksifikasyondan dolayıdır. İnsektisidler, böceklerdeki 15-20 ^{o}C'deki vücut sıcaklığında, 37 ^{o}C vücut sıcaklığı olan insanlara göre daha etkilidirler (Casida ve Quistad, 2004). Ayrıca, böceklerin küçük olan vücutlarından dolayı, maddenin hedef bölgeye ulaşmadan önce detoksife edilmesi için daha az zamanları vardır. Fakat piretroidlerin seçici toksisitesinde temel mekanizma, böceklerin sinir sistemine ait sodyum kanallarının piretroidlere yüksek hassasiyet göstermesidir (Song ve Narahashi, 1996).

2.1.7. Çevre ve canlılar üzerindeki etkisi

Sentetik piretroidlerin lipofilik olma oranı yüksek ve volatilizasyon oranları düşük olduğu için topraktan kültür bitkilerine yansıma etkinliği çok azdır. Ayrıca, bu grupta yer alan bileşiklerden çoğunluğu doğal mikroflora ve güneş ışığının etkisiyle kolayca parçalanabildiğinden, çevre ve besin kirlenmesine yol açma riskleri de oldukça azdır. Belirtilen olumlu yönlerine rağmen, sentetik piretroidlerin tümüyle zehirsiz olduğunu söylemek zordur. Özellikle deltametrin gibi ışığa dayanıklı çeşitlerin sıcakkanlılara yönelik toksisitesi ihmal edilemeyecek derecededir. Aynı bileşiğin ağızdan verilen LD_{50} miktarı (sıçanlarda 70-140 mg/kg) dikkate alındığında, organik fosforlu ve karbamat grubu insektisidlere yakın derecede toksik etki gösterebilecekleri bir gerçektir. Toksisite yönünden piretroidlerde karşılaşılan diğer bir özellik olan *d-cis* izomerlerinin *d-trans* izomerlerinden daha yüksek toksisite göstermesi, son yıllarda insan ve evcil hayvanlarda piretroidlerden ileri gelen rastlantısal zehirlenmelerin sayısının giderek artmasına yol açmaktadır. Sentetik piretroidlerin su canlılarına yönelik toksisitesi, oldukça farklı bir durum göstermektedir. Genellikle, bu gruptan insektisitlerin insektisidal etkilerinin artışına paralel bir şekilde balıklara yönelik toksisitelerinin de yükseldiği gözlenmektedir. Belirtilen durum, özellikle de vektör kontrolü ve sivrisineklerle mücadele amacıyla yaygın bir şekilde doğrudan iç sulara uygulanabilen ışığa dayanıklı piretroidlerde daha da belirginleşmektedir. Sentetik piretroidler, biyotransformasyon hızlarının yavaş ve vücutlarındaki yarı ömürlerinin uzun olması (genellikle 48 saat) nedeniyle su ürünleri ve arılar için oldukça zehirli maddelerdir. Sularda bulunan sentetik piretroidler lipofilik özelliklerinden dolayı, balık solungaçlarından emilerek kana geçerler. Böylece, büyük ölçüde metabolik değişikliklerden kurtulan bileşikler su canlılarında damar içi verilmelerine eşdeğer derecede toksik etki yapabilir. Belirtilen nedenlerle, doğal sulara karışan 0.001-0.0001 mg/L yoğunluklarındaki piretroidler su canlıları için öldürücü olabilmektedir. Bu durumda sentetik piretroidlerin organik klorlu insektisitlerden 100 kat daha fazla toksik etkinliğe sahip olduğu anlaşılmaktadır. Ancak, doğal koşullarda bu tür bileşiklerin toksisitesini önemli ölçüde azaltabilen bazı etkileşimler de söz konusudur. Genellikle yüksek insektisidal etkinliğe sahip piretroidler çok düşük yoğunluklarda kullanıldıklarından sulara yansıyan artıkları da kolayca sakıncasız düzeylere seyrelebilmektedir. Ayrıca, serbest artıklar kolaylıkla katı partiküller, organik maddeler ve sedimentlere bağlanabildiğinden, sudaki yoğunlukları da hızla azalabilmektedir. Bununla beraber, hektar başına 200 g'dan daha fazla permetrin ve 100 g'dan fazla sipermetrin uygulamaları su canlıları için tehlikelidir (Kaya ve ark., 1998).

Piretrin, yaban ördeği gibi kuş türleri için az toksik iken (LD_{50} , 1000 mg/kg'dan fazladır), tatlı su balığı ve göl alabalığı gibi suda yaşayan canlılar için oldukça toksiktir. Bunlarda LC_{50} değeri, milyonda birden daha azdır. Toksisite, suyun sıcaklığının azalmasıyla ve asitliğinin artmasıyla daha da artar. Ayrıca balıklar için piretroidlerin piperonil butoksid gibi sinerjistleri içeren ticari preparatları, genellikle çok daha fazla zehirlidir. Küçük balıklar, büyük balıklara göre piretroidlerden daha fazla etkilenirler. Piretroidler balıkların deri dokunma reseptörlerini ve denge organlarını etkilerler. Ayrıca bunların balıklar üzerindeki nonletal etkileri; solungaçlardaki hasar ve davranış değişiklikleridir (Mueller-Beilschmidt, 1990). Bu bileşikler arılar için de oldukça toksiktir. Çünkü piretrin-I, piretrin-II ve alletrinin etki edeceği vücut yüzeyi oldukça büyüktür. Piretroidler, arıların arama aktivitelerini (yiyecek vs.) azaltabilirler (Smith ve Glenn, 1986).

Piretroidler bütün böcekler için zehirli olduğundan dolayı yararlı böcek ve pestler için de zehirli olmaktadır. Piretroidlere duyarlı olan zararsız canlılar arasında kabuklu su canlıları (istakoz, karides), örümcekler, kelebekler de bulunmaktadır (Mueller-Beilschmidt, 1990).

2.2. Piretroidlerin Yetişkin Olmayanlar Üzerindeki İstenmeyen Etkileri

2.2.1. Gelişim dönemindekilerin piretroidlere duyarlılığı

Piretroidlerin yaşa bağlı toksisitesi, diğer pestisitlere göre daha önemli olmasına rağmen bu konuda yapılan çalışmalar yeterli değildir. Son yıllarda piretroid içeren sivrisinek kovucuları, sivrisineklerden korunmak için geceleri rutin olarak kullanılırlar. Bu yüzden özellikle yeni doğan bebekler ve çocuklar çoğu kez sıvı buharlaştırıcıların kullanımıyla, uzun süre boyunca piretroidlere maruz kalırlar. Piretroidlere duyarlılık, gelişme basamağına göre değişebilir (Guzelian ve ark., 1992; NRC, 1993). Piretroidlerin klinik, biyokimyasal ve sinirsel değişikliklere sebep oldukları için, organogenezis ya da erken gelişme dönemi boyunca bunlara maruz kalmak, istenmeyen etkilere neden olabilir (Sinha ve ark., 2004).

Ksenobiyotiklerin metabolizmasındaki farklılık, çocukları bu maddelere karşı daha duyarlı yapar. Enzim üretimi daha az olduğu için metabolik yetersizliğe sahip olan küçük çocuklar, piretrum esterlerini etkili bir şekilde metabolize edemediklerinden dolayı piretroidlerle zehirlenmeye daha duyarlıdırlar. Hem permetrin, hem de sipermetrin için akut oral LD_{50} değeri yaşla artar (Cantalamessa, 1993).

Çoğunlukla çocuklar ve yetişkinler arasında farmakokinetik ve metabolizma yönünden farklılıklar vardır. Örneğin; sindirim sisteminin olgunlaşmamış olması ve vücut ağırlığına oranla daha fazla deri yüzeyi alanına sahip olmalarından dolayı, emilim yeni doğanlarda farklıdır (Morselli ve ark., 1980; NRC, 1993). Ayrıca çocuklarda, piretroidlerin dağılımı ve atılımı da farklıdır. Özellikle yeni doğan bebeklerde, glomerüler filtrasyon oranı düşük ve tubuler sekresyon ile resepsiyon kapasitesi yeterince gelişmemiştir (NRC, 1993; West ve ark., 1948). Çocuklarda immun sistem yetişkinlerdeki gibi tamamen gelişmemiştir. Bu yüzden çocuklar, yabancı bileşiklere maruz kalma sonucunda oluşacak zararlara daha duyarlıdırlar. Çocuklarda bazı karakteristikler maruz kalmayı ve yatkınlığı artırabilir. Örneğin, çocuklar akciğer kapasitelerinin az olması, akciğerlerinin yetişkinlerden küçük olması ve fiziksel aktivitelerinin daha çok olması nedeniyle daha sık nefes alıp verirler. Dolayısıyla yetişkinlerle aynı havayı solumalarına rağmen daha fazla miktarda kimyasal maddeyi solurlar ve vücutlarında biriktirirler (NRC, 1993).

Bebekler, gelişmemiş kan-beyin bariyeri (Adinolfi, 1985; Johanson, 1980) ve kan-testis bariyerine (Setchell ve Waites, 1975) sahiptirler. Gelişme dönemindeki beyin hasarı, olgunlaşmamış kan-beyin bariyeri nedeni ile piretroidlerin beyine kolayca girmesi ve dağılmasından dolayıdır (Gupta ve ark., 1999a; Sinha ve ark., 2004). Bir çalışmada (Gupta ve ark., 2000) sipermetrin verilen sıçan yavrularında kan-beyin bariyerinin gelişimi gecikmiştir. Ayrıca Sinha ve ark.'nın (2004), yaptığı çalışmada alletrin içeren sivrisinek kovuculara prenatal, postnatal ve perinatal dönemde, inhalasyon yoluyla günde 8 saat maruz kalan sıçan yavrularında kan-beyin bariyeri geçirgenliğinin önemli oranda arttığı ve buna bağlı olarak merkezi sinir sisteminde anomalilerin oluştuğu gözlenmiştir.

Piretroidlerin olumsuz etkileri, özellikle kimyasal tehdite duyarlı olduğu inanılan beyin gelişimi döneminde dikkat çeker. Bazı araştırmacılar, yeni doğan farelerin bazı piretroidlere tekrarlayan dozlarda oral yolla maruz kalmasının, yetişkinlikte lokomotor davranışlarda ve beyin nörotransmitter reseptör yoğunluğunda değişikliklere neden olduğunu kaydetmişlerdir (Ahlbom ve ark., 1994; Aziz ve ark., 2001).

2.2.2. Piretroidlerin etkileri

Neonatal sıçanlar, metabolik detoksifikasyon kapasitesi daha az olduğundan yetişkinlere göre Tip II piretroid sipermetrinin akut toksisitesine 17 kat, Tip I piretroid permetrinin akut toksisitesine 6 kat (Cantalamessa, 1993), Tip II piretroid deltametrinin akut toksisitesine ise 16 kat (Sheets ve ark., 1994) daha duyarlıdırlar. Permetrin ve deltametrin (DDT, PCBS, nikotin ve paraquat ilaveli) yeni doğan yavrulara direkt uygulandığı zaman, bu kimyasalların, fareler yetişkin olduklarında farelerin davranışında ve nörokimyasında kalıcı değişiklikleri teşvik ettiği ve bu etkilerin akut toksik olmayan doz seviyelerinde görüldüğü belirlenmiştir.

Çocuklarda pestisitlere maruz kalmak, bazı kanser türleri riskini ve gelişen beyinde ya da sinir sisteminde kalıcı hasar riskini arttırabilir. EPA'nın yaptığı sınıflandırmaya göre piretrinler muhtemel karsinojenlerdir. Ayrıca EPA, piretrin ve piretroidlerin (permetrin, tetrametrin, alletrin, resmetrin ve fenvalerat gibi) çocuklarda beyin kanserine yol açan spesifik kimyasallar olduğunu belirtmiştir. Çocuklar sürekli büyüdükleri ve hücreleri yetişkinlere göre daha hızlı çoğaldığı için kansere sebep olan kimyasalların etkilerine daha duyarlıdırlar. Yine Uluslararası Sağlık Enstitüsü, piretrin içeren pet şampuanları ve pire spreylerinin çocuklarda otizim riskini arttırdığını bildirmiştir (Henderson, 2008).

Piretroidlerle yapılan araştırmalarda, piretroidlerin yetişkin olmayanlarda öğrenme (Moniz ve ark., 1990), motor aktivite (Husain ve ark., 1992; Ahlbom ve ark., 1994; Eriksson and Fredriksson, 1991; Eriksson ve ark., 1993; Eriksson ve Nordberg, 1990; Talts ve ark., 1998a), seksuel davranışlar (Lazarini ve ark., 2001), muskarinik reseptör bağ yoğunluğu (Aziz ve ark., 2001; Malaviya ve ark., 1993) ve kan-beyin bariyeri geçirgenliğini (Gupta ve ark., 1999a) kapsayan davranış ve biyokimyasal yapıda da kalıcı değişikliklere yol açtıkları saptanmıştır. Muskarinik sistem gibi dopaminerjik sistem de gelişim döneminde piretroidlere maruz kalmayla etkilenebilir (Malaviya ve ark., 1993).

2.3. Piretroidlerin Toksisitesinde Serbest Radikallerin Rolü

Serbest radikaller hücrede endojen ve eksojen kaynaklı etmenlere bağlı olarak oluşurlar. Eksojen kaynaklı nedenler arasında pestisidler önemli yer tutar. Aynı zamanda pestisidlerin ve çevresel kimyasalların toksisitelerinde, serbest radikaller de önemli rol oynarlar. Lipit peroksidasyonunun (LPO), pestisidlerin neden olduğu zehirlenmelerde, zehirlenme mekanizmalarından biri olarak belirtilmiştir (Kehrer, 1993). Pestisidler oksidatif strese, serbest radikal üretimine, antioksidanlarda değişime yol açabilirler (Abdollahi ve ark., 2004). Fazla miktarda reaktif oksijen grubunun açığa çıkması, glutatyon tükenmesine yol açılması, selenyum, bakır gibi bazı metallerin eksikliği veya fazlalığı bu yeteneği sınırlandırır. Bu şekilde açığa çıkan reaktif oksijen türleri hücre zarları, DNA, RNA gibi yapılarda hasara neden olur. Bu durum, pestisidlerin karaciğer, böbrek, sinirler, kaslar ve benzeri yerlerde yol açtıkları hasarın başlıca nedenleri arasındadır.

Pek çok çalışmada (Abdollahi ve ark., 2004; Gupta, 1999b; Kale ve ark., 1999a; Maiti ve ark., 1995), piretroidlerin oksidatif strese yol açtığı tespit edilmiştir. Süperoksid dismutaz (SOD) ve katalaz (CAT) gibi antioksidan enzimlerin aktivitelerindeki artış, muhtemelen piretroidlerle zehirlenmiş sıçanlarda artmış oksidatif strese verilen ilk cevaptır. Piretroidlerden olan fenvaleratın uygulandığı farelerde serbest radikal üretiminde ve SOD ile CAT aktivitelerinde artış görülmüştür (Maiti ve ark., 1995).

Gelişme döneminde merkezi sinir sistemi oksidatif strese daha duyarlıdır. Çünkü bu dönemde beyin doymamış yağ asitlerinden zengindir ve düşük düzeyde antioksidan savunma sistemine sahiptir. Bir çalışmada (Sinha ve ark., 2006), sıçan yavrularının alletrin içeren sivrisinek kovuculara prenatal, postnatal ve perinatal dönemde 45 gün boyunca, geceleri 8 saat maruz bırakılmaları sonucunda, LPO'da artış nedeniyle önemli bir oksidatif stres görülmüş ve tüm dönemler için beynin çeşitli bölgelerinde glutatyon (GSH), SOD ve CAT gibi antioksidanlarda azalma tespit edilmiştir.

Sütten yeni kesilmiş yavru sıçanların büyütüldüğü mekânda solunan havayla 16 hafta süreyle esbiotrin verildiğinde, GSH miktarında dişi sıçanlarda artış, erkek sıçanlarda ise kontrol grubuna göre azalma saptanmıştır (Doğruman ve ark., 2000). Bir diğer araştırmada (Hemming ve ark., 1993), fenvalerat, flucthrinat ve sipermetrinin diyetle uygulanmasının karaciğerde gama-glutamil transferaz (GGT) ve glutatyon peroksidaz (GP_x) aktivitesini arttırdığından söz edilmektedir.

Gupta ve ark. (1999b), 2 günlük sıçan yavrularını 8 gün boyunca günde 18 saat alletrin içeren sivrisinek kovuculara inhalasyon yoluyla maruz bırakmışlardır. Çalışma sonucunda elde edilen sonuçlara göre kan-beyin bariyerinin geçirgenliğinde önemli bir artış olmuş ve kan-beyin bariyerinin olgunlaşması gecikmiştir. Ayrıca beyin GSH seviyelerinde azalmayla birlikte beyin, karaciğer ve böbrekte lipit peroksitlerin oranında artış tespit edilmiştir.

2.3.1. Serbest radikaller ve oksidatif stres

Tüm aerobik canlılar enerji gereksinimini, oksidatif metabolizma yani aerobik metabolizma tarafından kontrol edilen reaksiyonlar sonucu elde eder. Oksijen, oksidatif metabolizma sırasında enerji eldesi için suya indirgenirken çok az bir kısmı da "serbest radikaller" adı verilen zararlı maddelere dönüşür. Serbest radikaller, özellikle hücrede metabolizma faaliyetleri veya mitokondrial solunum sonucu sürekli üretilirler. Elektron transferi, enerji üretimi ve pek çok diğer metabolik işlevde temel oluştururlar. Ancak zincir reaksiyonu kontrolsüz bir davranış gösterirse, hücrede hasarlara neden olabilirler. Bu nedenle hücreler bunlara karşı çeşitli korunma sistemleri geliştirmişlerdir (Nappi ve Vass, 1997; Allen ve Tresini, 2000).

Serbest radikaller genellikle bir veya daha fazla eşleşmemiş elektrona sahip, kısa ömürlü, kararsız, molekül ağırlığı düşük ve çok reaktif moleküllerdir (Abuja ve Albertini, 2001; Mates ve ark., 2000). Çoğu elektronlar çift halde bulunurken, serbest radikal bu elektronları birbirinden ayırarak reaksiyonu durdurur. Ama sonuçta serbest radikal kendine bir elektron alarak elektron çifti haline geçer, diğer elektron serbest radikal olur (Ceconi ve ark., 2003).

Serbest oksijen radikallerinin çok fazla üretilmesi oksidatif strese, hücre fonksiyon kayıplarına ve en son olarak apoptoz veya nekroza sebep olabilir. Bundan dolayı oksidan ve antioksidan sistemler arasındaki denge, hücre fonksiyonları, regülasyonu, adaptasyonu ve büyüme durumları için hayati önem taşır (Nordberg ve Arner, 2001; Mates, 2000).

Biyolojik sistemlerdeki en önemli serbest radikaller, oksijenden oluşan radikallerdir (Cheeseman ve Slater, 1993; Akkuş, 1995). Serbest oksijen radikali biyokimyasında anahtar rolü oynayan maddeler; oksijenin kendisi, süperoksit, hidrojen peroksit (H_2O_2), geçiş metallerinin iyonları, nitrik oksit ve hidroksil radikalidir. Bunlardan ilk dördünün çeşitli reaksiyonları ile sonuncu meydana gelir. Hatta bu radikaller içinde süperoksit ve nitrik oksit temel radikaller sayılabilir. Çünkü süperoksit ve nitrik oksit enzimatik mekanizmalarla, devamlı olarak ve önemli derişimde üretilen radikal türleridir. Ayrıca bu iki radikal, biyolojik sistemlerdeki diğer bütün radikaller ile radikal yapıda olmayan reaktif türlerin oluşumunu başlatabilecek özelliktedirler. Serbest radikaller, hücrelerde endojen ve eksojen kaynaklı faktörlere bağlı olarak meydana gelir. Serbest radikal oluşumuna sigara, pestisitler, çözücüler, petrokimya ürünleri, ilaçlar, güneş ışınları, X-ışınları, aktive olmuş fagositler, yağ metabolizması sonucu ortaya çıkan hücre metabolizmasının toksik ürünleri ve yiyeceklerde bulunan bazı bileşikler neden olur. Bunun yanında endüstride organik maddelerin çürümesi, boyaların kuruması ve plastik maddelerin işlenmesi sonucu da meydana gelirler (Özdem ve Şadan, 1994; Başağa, 1987).

Organizmada, serbest radikallerin zararlı etkilerini etkisiz hale getiren güçlü savunma sistemleri bulunmaktadır. Serbest radikallerin oluşum hızı, bu savunma sistemlerinin etkisizleştirme hızı ile dengede olduğu sürece, organizma oluşan radikallerden etkilenmemektedir. Denge bozulur, zararlı bileşiklerin oluşum hızı sistemin savunma gücünü aşarsa veya sistemin savunma gücü azalırsa, serbest radikaller zararlı olmaya başlarlar. Bunların oluşturduğu zarara ''oksidatif hasar'' veya ''oksidatif stres'' denir (Nappi ve Vass, 1997; Abuja ve Albertini, 2001; Meram ve Aktaran, 2002).

Oksidatif stres, toksisitenin olası bir mekanizması olarak son on yıldır toksikolojik araştırmaların odağı haline gelmiştir. Oksidatif stresin etkileri, okside glutatyon (GSSG), lipit peroksitleri gibi peroksitler ve malondialdehid (MDA) gibi yan ürünlerin birikimleri ile belirlenmektedir (Ceconi ve ark., 2003).

Oksidatif fosforilasyon, en önemli endojen reaktif oksijen kaynağıdır. Reaktif oksijen türlerinin birçoğu lipitler, proteinler, karbohidratlar ve nükleotidler gibi çok farklı biyolojik moleküllerin yapısını değiştirme yeteneğindedirler. Oksidatif stres ve biyomoleküllerin oksidatif modifikasyonu enflamasyon, karsinogenez ve ilaç toksisitesi gibi fizyolojik ve fizyopatolojik durumlarda görülmektedir (Djordjevic, 2004).

2.3.2. Serbest radikallerin etkileri

Mitokondrial, endoplazmik ve nükleer elektron transport sistemlerinde (sitokrom P450), peroksizomlarda, monosit ve nötrofillerin fagositozu gibi normal metabolik olaylar sırasında bol miktarda serbest radikal üretilir. Bir anlamda serbest radikaller, solunum ve sindirim gibi normal vücut faaliyetlerinin zehirli atıkları durumundadır. Araştırmacılar, insan vücudundaki her hücrenin günde ortalama 10.000 serbest radikalin hücumuna uğradığını belirtmektedirler. Eğer serbest radikaller nötralize edilmezse, hücre membranı proteinlerini yıkarak hücreleri öldürmek, membran lipit ve proteinlerini yok ederek hücre membranını sertleştirip hücre fonksiyonunu engellemek, nükleustaki genetik kodu içinde taşıyan, hücrenin üretimini ve büyümesini sağlayan nükleik asite etki edip DNA'yı kırılma ve mutasyonlara açık hale getirmek, bağışıklık sistemindeki hücreleri yok ederek bağışıklık sistemini zorlamak, yaşlanma ve kanser gibi olaylara neden olabilirler (Akkuş, 1995; Dündar ve Aslan, 2000).

Serbest radikaller, MSS' nin patolojik durumlarının pek çoğunda, direkt olarak doku hasarı meydana getirebilirler. Serbest oksijen türleri, ekzitotoksisite, metabolik disfonksiyon ve kalsiyumun hücre içi hemostazisinde bozulma gibi çoğul mekanizmalarla doku hasarı meydana getirirler (Mercan, 2004). Serbest radikallerin oluşturduğu en önemli hasar lipit peroksidasyonudur.

2.3.3. Lipit peroksidasyonu

Doymamış yağ asitlerinin oksidatif yıkımı, LPO olarak isimlendirilir ve oldukça zararlıdır. Biyomoleküllerden en fazla etkilenen bileşik lipitlerdir. Membranlarda bulunan fosfolipitlerdeki doymamış bağlar ve kolesterol, serbest radikallerle kolayca reaksiyona girerek peroksidasyon ürünlerini meydana getirir (Gutteridge 1995).

Süperoksit gruplarının hızlı bir şekilde oluşturduğu singlet oksijen, hücre zarlarının fosfolipit, glikolipit, gliserit ve sterol yapısındaki doymamış yağ asitleriyle reaksiyona girerek peroksitler, alkoller, aldehidler, hidroksi yağ asitleri, etan ve pentan gibi çeşitli LPO ürünlerini oluşturur. Lipit peroksitler, GSH'ya bağımlı selenyumlu bir enzim olan GPx tarafından lipit alkollere çevirilerek inaktive edilirse de, gerek süperoksit gruplarıyla fazla miktarda lipit peroksitlerin şekillendirilmesi ve gerek selenyum eksikliği ve gerekse ortamdaki GSH'ın tükenmesine neden olabilen bazı maddelerin bulunması, lipit hidroperoksitlerden (LOOH) serbest lipit grupların oluşmasına yol açar. Serbest lipit grupları da, ayrıca doymamış yağ asitlerinin peroksidasyonuna neden olur. LOOH'lerin yıkımı ile oluşan ve biyolojik olarak aktif olan aldehidler ya hücre düzeyinde metabolize olurlar ya da başlangıçtaki etki alanlarında diffüze olup hücrenin diğer bölümlerine hasarı yayarak sekonder bozuklukların göstergesi de olabilirler (Mercan, 2004).

LPO, kendi kendini devam ettiren zincir reaksiyonları şeklinde ilerler. LPO ile meydana gelen hasar geri dönüşümsüzdür. LPO, organizmada oluşan bir serbest radikal etkisi sonucu membran yapısında bulunan doymamış yağ asidi zincirlerinden bir hidrojen atomu uzaklaştırılması ile başlar. Bunun sonucu yağ asidi zinciri bir lipit radikali niteliği kazanır. Oluşan lipit radikali dayanıksız bir bileşiktir ve bir dizi değişikliğe uğrar. Molekül içi çift bağların pozisyonlarının değişmesiyle dien konjugatları ve daha sonra lipit radikallerinin moleküler oksijenle etkileşmesi sonucu lipit peroksit radikali ($LOO^{\cdot}$) meydana gelir. $LOO^{\cdot}$ radikalleri membran yapısındaki diğer doymamış yağ asitlerini etkileyerek yeni lipit radikallerinin oluşumuna yol açarken, kendileri de açığa çıkan hidrojen atomlarını alarak LOOH'lere dönüşürler. Böylece olay kendi kendine katalizlenerek devam eder (Akkuş, 1995; Moslen, 1994; Kavas, 1989; Slater, 1984). Peroksidasyon tüm membran lipitlerinin yıkımına yol açabilir. Proteolitik enzimler içeren lizozomlarda membran yıkımı ile bu enzimler hücre içine salınır ve aktivasyonları ile hücresel hasar artar. Bu nedenlerle membranlarda meydana gelen LPO'nun kontrol edilememesi, membranların yapı ve işlevlerinde önemli değişimlere ve giderek hücre ölümüne neden olmaktadır (Djordjevic, 2004). Polisiklik aromatik hidrokarbonlar, organik klorlu ve organik fosforlu pestisidler, poliklorlu bifeniller ve diğer ksenobiyotikler bu tip oksidatif hasar ile önemli etkilere neden olmaktadırlar. Bu nedenle LPO'nun ölçülmesi, böyle bileşiklerin oksidatif etkilerinin değerlendirilmesinde indikatör olarak kullanılmaktadır

(Valavanidis ve ark., 2006). LPO'nun belirlenmesinde kullanılan en basit ve en yaygın yöntem araşidonik asit endoperoksitlerinin dekompozisyon ürünü olan MDA miktarının belirlenmesidir (Spiteller, 2001). MDA, LPO'nun en önemli peroksidasyon ürünüdür. Oluşan MDA, hücre membranlarından iyon alışverişine etki ederek membrandaki bileşiklerin çapraz bağlanmasına yol açar ve iyon geçirgenliği ile enzim aktivitesinin değişimi gibi olumsuz sonuçlara neden olur. MDA, bu özelliklerinden dolayı DNA'nın nitrojen bazları ile de reaksiyona girebilir. Bundan dolayı MDA, mutajenik, kültür hücreleri için genotoksik ve karsinojeniktir (Kalender ve ark., 2002; Niki, 1987; Placer ve ark., 1990; Porter, 1984).

2.3.4. Lipit peroksidasyonun klinik önemi

Pek çok hastalıkta iskemi, perfüzyon ve toksinlere bağlı hücre hasarında serbest oksijen radikallerinin oluşumu artmaktadır. GSH, serüloplazmin, CAT, SOD ve diğer serbest oksijen radikal gidericilerin sözü edilen durumlarda koruyucu etkilerinin olması, pek çok olayda serbest radikal reaksiyonlarının bir anahtar rol oynadıklarını ortaya koymaktadır. Bu gerçek, belirli hastalıklarda antioksidan tedavi uygulaması için geçerli bir neden oluşturmaktadır. Serbest oksijen radikallerinin, glomerulonefritis, hepatitis B, iskemi ve reperfüzyon, ilaç ve toksinle oluşan reaksiyonlar, Vit E eksikliği, kanser, kurşun zehirlenmesi, amfizem, hiperoksi, bronkopulmoner displazi, arteroskleroz, aminoglikozit nefrotoksisitesi, ağır metal nefrotoksisitesi, karbontetraklorüre bağlı karaciğer zedelenmesi, pankreatitis ve romatoid artrit gibi pek çok hastalığın patogenezisinde etkili olduğu öne sürülmektedir (Özdem ve Şadan, 1994; Cross ve ark., 1987).

2.3.5. Antioksidan savunma sistemleri

Reaktif oksijen türlerinin oluşumunu ve bunların meydana getirdiği hasarı önlemek için vücutta birçok savunma mekanizmaları gelişmiştir. Bunlar ''antioksidan savunma sistemleri'' veya kısaca ''antioksidanlar'' olarak bilinen; serbest radikalleri nötralize eden, serbest radikal hasarlarını tamir etmeye yardımcı olan ve vücudun onlardan etkilenmesini minimize eden veya kendini yenilemesini sağlayan mekanizmalardır (Ames ve ark., 1993; Müftüoğlu, 2003).

Antioksidanlar, oksijenin diğer maddelerle birleşmesini önleyerek canlıdaki maddelerin okside olmasını engellerler. Ayrıca peroksidasyon zincir reaksiyonunu engelleyerek ve/veya reaktif oksijen türlerini toplayarak LPO'nu inhibe ederler. Antioksidan sistem bütün bunları yaparken, temelde serbest radikalleri hücre zarına, nükleik asitlere (DNA) ve hücre bileşenlerine saldırmadan kendine çeker ve bağlar. Antioksidanlar, endojen kaynaklı (doğal) ve eksojen kaynaklı olmak üzere başlıca iki ana gruba ayrılabildiği gibi, serbest radikalin meydana gelişini önleyenler ve mevcut olanları etkisiz hale getirenler şeklinde de ikiye ayrılabilirler. Ayrıca enzim olanlar ve olmayanlar şeklinde de sınıflandırılabilirler. Hücrelerin hem sıvı, hem de membran kısımlarında bulunabilirler.

(a) Endojen (Doğal) antioksidanlar:

-Enzimler: CAT, SOD, GPx.

-Enzim olmayanlar: Glutatyon, β-karoten, Vit E, askorbik asit, sistein, albumin, bilirubin, hemoglobin, selenyum, v.s.

(b) Eksojen antioksidanlar: Ksantin oksidaz inhibitörleri, NADPH oksidaz inhibitörleri (Akkuş, 1995; Dündar ve Aslan, 2000).

Enzimatik antioksidanlar

Enzimler çok yüksek katalizleme gücüne sahip protein yapısındaki biyolojik katalizörlerdir. Bir canlıdaki parçalanma ve yapım (sentez) reaksiyonlarının tümü enzimlerin katalitik aktiviteleri ve yöntemleriyle gerçekleştirilmektedir. Bu tanıma göre de, enzimler canlılığın oluşumu ve devamı için elzem maddelerdir. Canlı dışında da aktivite göstermeleri enzimlerin önemini bir kat daha artırmaktadır. Enzim üretimi genlerin kontrolü altında gerçekleştirilmekte (bir gen-bir enzim) ve her enzimin kendine özgü sıcaklık, iyon tepkimesi (pH) ve basınç koşulları bulunmaktadır. En önemli antioksidan enzimler; süperoksit anyonunu H_2O_2'e dönüştüren SOD, organik peroksitleri detoksifiye eden GPx ve H_2O_2'i suya indirgeyen CAT enzimidir. Bu endojen antioksidan enzimler serbest radikalleri zararsız hale getirirler. Böylece organizma serbest radikaller ve aktif oksijen türlerinden etkilenmez (Arosio ve ark., 2000).

a) Glutatyon peroksidaz

GPx enzimi, H_2O_2 ve büyük moleküllü LOOH'in indirgenmesinden (LPO'da zincir kırıcı etki) sorumludur. Sitozolde yerleşmiş, 4 selenyum atomu içeren tetramerik yapıda bir enzimdir. Karaciğerde en yüksek, kalp, akciğer ve beyinde orta, kasta düşük aktivitede bulunur. GPx enzimi, aşırı H_2O_2 varlığında redükte glutatyonu elektron akseptörü olarak kullanır ve sonuçta oluşan okside glutatyon, NADPH bağımlı glutatyon redüktaz enzimi tarafından rejenere edilir. GPx enzimi katalizlediği reaksiyonla, membran lipitlerinin ve hemoglobinin, peroksitlerle oksidasyonuna karşı koyulur. Bu reaksiyon, hemoglobinin methemoglobine oksidasyon oranını azaltarak eritrositin ömrünü uzatır. Ayrıca karaciğer, böbrek ve pankreası nekrotik dejenerasyonlardan korur ve hücrelerin onkojenik maddelere karşı direncini arttırır (Halliwell ve Gutteridge, 1990) .

b) Süperoksit dismutaz

SOD enzimi, oksijeni metabolize eden tüm hücrelerde bulunur. Oksijen toksisitesine karşı önemli bir savunma sistemidir. SOD enziminin fonksiyonu, aerobik organizmaları süperoksitin zararlı etkisine karşı korumaktır. Süperoksit radikallerinin, H_2O_2 ve oksijene hızlıca dismutasyonunu katalize eder. SOD enzimi, katalitik aktivitesi çok yüksek olan bir enzimdir (Fridovich, 1973; Lavelle ve ark., 1973, Petkau ve ark., 1975; Sheng ve ark., 2004).

c) Katalaz

CAT enzimi esas olarak peroksizomlarda lokalize olan ve yapısında 4 ''hem'' grubu bulunan bir hemoproteindir. Bu enzim tabiatta çok yaygın olarak bulunmaktadır. Ayrıca CAT enzimi, sitokrom sistem içeren memeli ve memeli olmayan organizmalarda bulunurken, genelde anaeroblarda bu enzime rastlanmamaktadır. Hemen hemen tüm aerobik mikroorganizmalarda, bitki ve hayvan hücrelerinde, katalitik aktivitesi yüksek konsantrasyonda mevcuttur. Oksidasyon ve redüksiyon reaksiyonlarında rol oynayan enzimlere oksidoredüktazlar denilir ve CAT enzimi oksidoredüktazların (Oksidazlar, dehidrojenazlar, hidroperoksidazlar, oksijenazlar) bir grubu olan hidroperoksidazlar sınıfında yer alır. Hidroperoksidazlar, substrat olarak H_2O_2 veya diğer organik peroksitleri kullanırlar, aynı zamanda canlıyı zararlı peroksitlere karşı korurlar. Peroksitlerin birikmesi serbest radikallerin ortaya çıkmasına ve membran yapısının bozulmasına, aterosikleroz ve muhtemelen kanser oluşumuna neden olur (Higashi ve ark., 1974; Halliwel ve Gutteridge, 1999; Nicholls ve ark., 2000).

CAT enzimi, H_2O_2'in su ve oksijene dönüştürülmesini katalizleyen ve böylece H_2O_2'in hücresel bileşiklere zarar vermesini engelleyen koruyucu bir enzimdir. H_2O_2, CAT enzimi tarafından parçalanmazsa vücut için çok tehlikeli bir serbest radikal olan hidroksil radikalinin öncülü olarak davranır ve bu radikal hücrede kalıcı hasarlara neden olur. CAT enzimi, H_2O_2'i substrat olarak, hem elektron alıcısı hem de elektron vericisi olarak kullanmaktadır. (Lanir ve Schejter, 1975; Jones ve Masters, 1976; Nicholls ve ark., 2000; Robertson, 2004).

Enzim olmayan antioksidan savunma sistemleri:

Vit E, tüm hücre membranlarındaki yağda eriyen temel antioksidandır ve direkt olarak oksiradikaller, singlet oksijen, lipit peroksidaz ürünleri ve süperoksit radikallerinden zararsız tokoferol radikallerini oluşturarak LPO'nunu önlemektedir. Vit C, elektron donörü gibi iş görerek, Vit E radikalini tekrar redükleyerek Vit E haline getirir. Vit C suda eriyen ve direkt olarak süperoksit, hidroksil radikal ve singlet oksijenle reaksiyona giren bir vitamindir. β karoten, Vit A öncüsü temel karotenoiddir ve esas görevi singlet oksijenin temizlenmesidir. Vit A'nın ise antioksidan olarak böyle bir görevi bulunmamaktadır. Ayrıca biyoflavonoitler de antioksidan özelliğe sahiptirler. Koenzim Q bir fenoldür ve o da pek çok dokuda Vit E gibi davranır. Lipoik asit ve GSH kükürt içerikli bileşiklerdir, hidrojen atomu donörü gibi davranarak fenoller gibi görev yaparlar. Organizmanın antioksidan durumunu değerlendirme kandaki antioksidan vitaminlerin (Vit E-tokoferol, Vit C ve β karoten) düzeyi ölçülerek de yapılabilmektedir (Aynacı, 2008).

a) Antioksidan olarak Vitamin E

Vit E tokoferol yapısında olup α, β, γ, δ olarak dört tipin karışımıdır. α-tokoferol, doğal dağılımı en geniş, biyolojik aktivitesi ve antioksidan etkisi en fazla olanıdır. Yapısında bulunan fenolik hidroksil gruplu aromatik halka vitaminin kimyasal olarak aktif kısmını oluşturur ve antioksidan özelliği bu gruptan kaynaklanır (Akkuş, 1995; Faulder ve Pamela, 1990). En yüksek Vit E konsantrasyonu, mitokondri ve mikrozomlar gibi membrandan zengin hücre kısımlarında bulunur. Çok güçlü bir antioksidan olan Vit E, hücre membran fosfolipitlerinde bulunan çoklu doymamış yağ asitlerini serbest radikal etkilerinden koruyan savunma elemanıdır. Bir molekül Vit E, 100 molekül yağ asidinin peroksidasyonunu önleyebilir. Vit E; süperoksit ve hidroksil radikallerini, singlet oksijeni, $LOO^{\cdot}$ radikallerini ve diğer radikalleri temizler ve LPO'nunu inhibe eder. $LOO^{\cdot}$ radikallerini yıkarak LPO zincir reaksiyonlarını sonlandırdığı için, zincir kırıcı bir antioksidan molekül olarak da bilinir. Sonuçta oluşan tokoferoksil radikali stabildir ve kendi kendine lipit peroksidasyonu başlatmak için yeterince reaktif değildir. Glukoronik asitle oksidasyona uğrayarak safra yoluyla atılır (Wolf ve ark., 1998).

Vit E ve GPx enzimi serbest radikal etkisine karşı birbirlerini tamamlayıcı etki gösterirler. GPx enzimi oluşmuş peroksitleri ortadan kaldırır, Vit E ise sentezlerini engeller. Ayrıca Vit E, GPx enziminin yapısına katılan selenyumun organizmadan kaybını önler ve enzimi aktif şekilde tutar. Vit E, okside olduktan sonra ve parçalanmadan önce Vit C ve GSH tarafından yeniden indirgenebilir. Vit E eksikliği kalp hastalıkları dışında eritrositlerde bozukluk, erkek sıçanlarda kısırlık, yaşlanma, kolay yara oluşumu, egzema, premenstrual sendromlar, katarakt, sistik fibrozis gibi pek çok diğer hastalıklara da neden olabilmektedir (Gümrükçüoğlu, 2008).

b) Antioksidan olarak Vitamin C

Vit C bir ketolaktondur. Suda eriyen vitaminlerden olan Vit C özellikle sebze, meyve ve turunçgillerde bol miktarda bulunur. Çok güçlü bir indirgeyici ajan olan Vit C, süperoksit ve hidroksil radikalleri ile kolayca reaksiyona girerek onları temizler. Ayrıca, antiproteazların oksidan maddeler ile inaktive olmasını engeller. Yine Vit C, tokoferoksil radikalinin tokoferole redüklenmesini de sağlar (Lunec ve Blake, 1990)

Yıllardan beri yapılan pek çok araştırma, Vit C'nin etkili bir anti-kanser ajanı olduğunu bulmuştur. Vit C, LPO'nunu önleyerek dejenerasyon ve yaşlanma olaylarını geciktirir. Yetişkin insanlarla yapılan bir çalışmada, bir yıl süreyle günlük 400 mg dozda verilen Vit C'nin serumdaki lipit peroksitleri azalttığı gözlenmiştir. Vit C aynı zamanda DNA'ya verilebilecek serbest radikal hasarlarını da engellemektedir. Bazı çalışmalarda, Vit C'nin genetik değişiklikleri, kromozom bozulmalarını ve mutajenlerin oluşmasını engellediği tespit edilmiştir. Çevrede etkisini gösteren pek çok kirlilik toksik, karsinojenik ve mutajenik etkilere neden olabilir. Vit C, bu zararlı etkileri karaciğerdeki detoksifiye edici enzimleri stimule ederek engelleyebilir. Ayrıca immun sistemde de önemli görevleri vardır. İmmun sisteme kanser hücrelerini taramasında yardımcı bir rol oynamaktadır. Vit C, işlemden geçmiş yiyeceklerde sıkça bulunan nitratlardan nitrozamin oluşumunu engeller. Oluşan bir nitrozamin karsinojen bir maddeye dönüşebilir. Ama yapılan çalışmalar idrardaki nitrozaminin Vit C tarafından anlamlı bir biçimde engellendiğini ortaya koymuştur. Bazı çalışmalarda da nitratla oluşan kanserin engellenmesinde

Vit C'nin önemli rol oynadığı gösterilmiştir (Gabby ve Singh, 1991). 1991'de American Journal of Clinical Nutrition, Vit C'nin kanserin farklı tipleri ile ilişkisi hakkında 46 çalışma yayınlamıştır. Bu çalışmalarda 33'ü Vit C alımı ile kanserin ilişkili olduğunu ortaya koymaktadır. Yüksek Vit C alımı, düşük Vit C alımına göre kansere karşı iki katı korunma sağlamıştır. Bu çalışmalarda, çoğu yüksek dozajı 160 mg ya da fazlası, düşük dozajı genelde 70 mg altı olarak kabul etmişlerdir. En büyük etki özafagus, larinks, ağız ve pankreas kanserlerinde, bunları takiben mide, rektum, meme ve serviks kanserlerinde görülmektedir (Block, 1991).

Vit C'nin vücuttaki en önemli görevi, protein kollajen sentezidir. Aynı zamanda bu diş, kemik, kıkırdak, derideki fiberlerin oluşumunu sağlar. Eksikliği ikincil enfeksiyonlar, deri kuruması, diş dökülmesi, kanama, foliküler hiperkeratozis, kramplar, kas yorgunluğu gibi pek çok soruna neden olur (Gümrükçüoğlu, 2008).

c) Antioksidan olarak selenyum

Selenyum temel bir mikromineraldir. En önemli etkisi bağışıklık sistemini kuvvetlendirmesidir. Selenyum, GPx enziminin yapısına girer ve vücudu kansere karşı koruyan bu enzimi aktive eder. Selenyum antioksidan olarak Vit E ile birlikte hücreleri oksidasyona karşı koruyarak, kanser, kalp hastalıkları ve diğer sağlık sorunlarının önlenmesinde yardımcıdır. Selenyum, oksijen moleküllerinin aşırı reaktif hale gelmesini engelleyen bir grup besinle çalışarak oksidatif stresi önlemeye yardımcı olur. Oksidatif stresten kaynaklanan kalp hastalığı ve romatoid artrit hastalığında, düşük selenyum tüketiminin hastalığa katkısı olan bir faktör olduğu belirlenmiştir. Selenyum, antioksidan korunma ve tiroid hormonunun metabolizmasında rol oynayan enzimlerin bir parçası olarak işlev gören, genetik kodu tanımlanmış tek iz elementtir. Tiroidin en aktif şekilde hormon üretebilmesi için selenyum sadece gerekli olmakla kalmaz, üretilen hormon miktarını düzenlemeye de yardımcı olur (Anonim, 2008a). Ayrıca selenyum yaşlanma etkilerini yavaşlatmak, deri sağlığını artırmak, kalp ve karaciğer fonksiyonlarını sağlıklı olarak devam ettirmek ve göz, saç, tırnak sağlığı için vazgeçilmez bir elementtir. Selenyumun bir diğer yararı ise, günümüzde çevre kirliliğinden dolayı maruz kaldığımız ağır metaller, civa, kadmiyum ve sigara dumanı, alkol ve okside yağların zararlı etkileri karşısında koruyucu etkiye sahip olmasıdır (Bayram, 2006).

Selenyum kanser önleyicidir. Bu etkinin temeli antioksidan özelliğe dayanır. Zarar görmüş hücrelerde DNA onarımı ve sentezini eyleme geçirir, kanser hücrelerinin çoğalmasını engeller. Toprakları selenyumdan fakir yörelerde, diğer selenyumdan zengin yörelere kıyasla meme, akciğer ve kalın barsak kanserlerinin sık görülmesi selenyumun faydalı etkisini göz önüne sermiştir. Bu amaçla PRECISE (Prevention of cancer with selenium in europe) adıyla başlatılan araştırma sonucunda günde 200 µg selenyum alımıyla plaseboya karşı prostat kanserinde %63, akciğer kanserinde %47, kolorektal kanserinde %58 azalma ve genel olarak tüm kanser türlerinde ortalama %37 azalma belirlenmiştir. Selenyumun bu korumayı doğal öldürücü hücrelerin üretimini arttırmak, hücre yapısında mutasyonları engellemek gibi çeşitli mekanizmalarla sağladığı anlaşılmıştır (Anonim, 2008b).

d) Glutatyon

GSH (L-γ-glutamil-L-sisteinil-glisin) ökaryotik hücrelerde en bol bulunan, düşük moleküler ağırlıklı bir tripeptiddir ve bir tiyol grubu taşımaktadır. Önemli bir hücre içi antioksidandır. Başlıca eritrositlerin hücre membranları içinde bulunur ve her enzim molekülü dört selenyum atomu içerir. GSH'a antioksidan özelliğini sisteinin tiyol grubu kazandırır. Redükleyici ajan ve antioksidan olarak rol oynayan GSH'ın, farklı hücresel moleküllerin ve ksenobiyotiklerin metabolizmasında ve reaktif oksijen türevlerinin temizlenmesinde önemli işlevleri vardır. Serbest radikal ve peroksitlerle reaksiyona girerek hücreleri oksidatif hasara karşı korur. Bunun dışında proteinlerdeki –SH gruplarını redükte halde tutar ve bu grupları oksidasyona karşı muhafaza eder. Demirin Fe^{+2} (ferröz) halde tutulmasını sağlar. Böylece, protein ve enzimlerin inaktivasyonunu engeller, hatta rejenere olmalarını sağlar. Bunların yanında hücre döngüsünün düzenlenmesi ve mikrotübüler mekanizmalarda rol oynar. Ayrıca sisteinin fizyolojik depo formu olarak iş görür ve kalsiyum homeostasisi, tiyol-disülfid değişim tepkimeleri, gen ekspresyonu ile protein işlevlerinin düzenlenmesinde çalışır, mitokondriyal mekanizmalarda yer alır (Estrela ve ark., 2006).

2.4. Bioalletrin

2.4.1. Bioalletrinin özellikleri

Bioalletrin, evdeki zararlı böceklere karşı hızlı yere serici etkisi olan Tip I sentetik piretroiddir. Bioalletrin gibi ilk sentezlenen piretroidler, ışık ve ısıya duyarlı, kolaylıkla indirgenebilen moleküllerdir. İlk 1970 yılında piyasaya sunulmuştur ve günümüzde her yıl 10-30 ton oranında kullanılmaktadır. Sivrisinekler, sinekler ve hamam böceklerine karşı halk sağlığı amaçlı kullanılan, pratik uygulamalarla keşfedilen ilk sentetik piretroid alletrin'dir. Alletrin sekiz stereoizomerin karışımıdır. Bioalletrin ise iki alletrin izomerinin karışımı olup, rasemik karışımlardan daha etkindir. Bioalletrin, yaklaşık 1/1 oranındaki (1R, trans; 1R) + (1R, trans;

1S)'den oluşmuştur. Alletrinden iki kat daha etkilidir. Molekül formülü $C_2H_{16}O_3$'tür. Esas itibariyle kokusuz ve kehribar renginde yapışkan bir sıvıdır. 25 °C'de 0.044 pa olan buhar basıncı, birçok sentetik piretroide göre daha yüksektir. Bioalletrin düşük su çözünürlüğüne sahip, yağda çözünen bir bileşiktir. Nötral ve hafif asit koşullarda hidrolize dayanıklıdır. Fakat normal koşullar altında kolayca hidrolize olur. Güneş ışığına karşı dayanıksızdır. Bioalletrin, Dünya Sağlık Örgütü tehlike sınıflandırılmasında sınıf II, yani orta dereceli tehlikeli gruba dahil edilmiştir (WHO, 2003).

Bioalletrinin sinonimleri: Alletrin I, allilsinerin I, binamin fort, bioaltrina, d-trans-alletrin, depalletrin, extrin, nekarboksilik asid, palletrin, pynamin fort, pyresin, wasp stoper CF (RTECS, 1997).

Diğer alletrinler ise d-alletrin, esbiotrin ve S-bioalletrindir.

2.4.2. Alletrinlerin sağlık üzerine olumsuz etkileri

Solunum sistemi üzerindeki etkileri

İnsanların alletrinlere maruz kalması başlıca aerosol spreyler, elektrikli mat ve sivrisinek kovucu spiraller gibi ev uygulamalarının inhalasyonu yoluyla meydana gelir. Bioalletrin ve diğer içerikli sivrisinek kovucu matlar, sivrisinek saldırısından korunmak için çoğunlukla gece boyunca kullanılırlar. Bu kullanım esnasında direkt solunum yoluyla alınan piretroidler, öncelikle akciğerde bazı istenmeyen etkilere neden olabilir. Aerosol şeklinde kullanıldığında, ev uygulamalarından ortaya çıkan hava seviyelerinin 0,5 mg/m^3'ü aşmaması gerekir. İnhalasyon yoluyla bioalletrin gibi piretroidlere maruz kalma, tipik olarak mesleki maruziyet şeklinde de olabilir ve bu maruziyet, solunum yolunun irritasyonuyla ilgili belirti ve semptomlar meydana getirir. Semptomların sıklığı ve şiddeti, formülasyondaki farklı stereoizomerlerin oranıyla değişebilir (WHO, 1989).

Bioalletrin içeren likit sivrisinek kovucu preparatın inhalasyon yoluyla sıçanlara sekiz saat uygulanarak yapılan bir çalışmada (Özbilgin ve ark., 1996), trakeada L. epitelyaliste dökülme, fokal metaplazi, submukozada mononüklear hücre infiltrasyonları, akciğerlerde ise alveollerde hiperemi ve alveolar boşlukta makrofajlarda artma ve bronşiyoler lenfoid odaklarda hiperplazi tespit edilmiştir. Cheng ve ark. (1992) ise yaptıkları çalışmada, bir hafta boyunca erkek sıçanları sivrisinek kovucu spiraller vasıtasıyla d-alletrin inhalasyonuna maruz bırakılmışlardır. Bu çalışmanın sonucunda akciğerlerde silia kaybı ve alveolar numunelerde başkalaşım gözlenmiştir. 3 ve 6 hafta boyunca d- alletrin içerikli sivrisinek kovucu spirallere maruziyetten sonra ise, trakeada gözlenen lezyonlar kalıcı olup, akciğerlerde interselüler fibrozis artmıştır. 12 haftalık maruziyetten sonra da, alveolar duvarının vaskülaritesinde bir artış gözlenmiş ve alveolar yüzeyde ince tanecikli yıkıntı saptanmıştır.

Dört saat boyunca esbiotrinin solunabilir damlacıklarına maruz kalan erkek ve dişi Wistar sıçanlarının otopsisinde, akciğerlerde konjesyon görüldüğü bildirilmiştir (Hardy ve ark., 1984). Başka bir çalışmaya (Liu ve Sun, 1988) göre sıçanların 60 gün boyunca sivrisinek kovucu spiral dumanına maruz kalması, trakeal epiteldeki fokal epitelyal hücrelerin metaplazisi ve alveolar makrofajların morfolojik değişimiyle sonuçlanmıştır.

D-alletrin (2 saatlik maruziyet) ve S-bioalletrinin (3 saatlik maruziyet) duman formunda her bir bileşiğe maruz kalmada, minimum toksik dozu: d-alletrin için sıçanlarda; 260 mg/m^3, farelerde; 260 mg/m^3, S-bioalletrin için sıçanlarda; 24 mg/m^3 ve farelerde 91 mg/m^3 'dür (Miyamoto, 1976).

Dolaşım sistemi üzerindeki etkileri

Bioalletrin ile yapılan bazı çalışmalarda, bioalletrinin kan parametrelerinde değişikliklere sebep olduğu tespit edilmiştir (Mansee, 2003; Garba ve ark., 2007; Noyan ve ark., 1995). Ayrıca yiyeceklerine 6 hafta boyunca 200, 1000 ya da 5000 mg/kg bioalletrin katılan köpeklerde, en yüksek doz seviyesinde düzensiz kalp ritmi kaydedilmiştir (Griggs ve ark., 1982).

İmmun sistem üzerindeki etkileri

Atopik bireylerde ve atopik olmayan kontrol grubu üzerinde yapılan çalışmada (Diel ve ark., 1998), insan kanındaki lenfosit ve bazofillerde S-bioalletrinin *in vitro* etkileri araştırılmıştır. S-bioalletrin, 72 saatlik kültür periyodundan sonra lenfosit proliferasyonunun inhibisyonuna neden olmuştur. 6.5 μM konsantrasyonundaki S-bioalletrin tarafından lenfosit proliferasyonunun inhibisyonu ile total serum IgE değeri arasında yakın bağlantı bulunmuştur. Bu inhibisyona atopik bireylerden alınan numuneler, atopik olmayan bireylerden alınan numunelere göre daha duyarlıdır. Düzenleyici interleukin-4/interferon-gamma (JL-4/IFN-gamma) dengesi, aynı konsantrasyondaki S-bioalletrinin varlığında atopik ve atopik olmayan bireylerden alınan numuneler arasında önemli farklılıklar göstermiştir. IFN-gamma sekresyonu, atopik vericilerden alınan hücrelerde daima daha düşüktür. S-bioalletrin, konsantrasyona bağlı olarak insan bazofillerinden salınan histaminin seviyesini azaltmıştır. Bu bulgular, insan lenfosit ve bazofilleriyle kombine edilmiş *in vitro* yaklaşımlar yoluyla S-bioalletrinin immünotoksikolojik niteliklerinin ilk kanıtıdır. Özellikle piperonil butoksid katılan piretroid karışımlarının alerjik etkileri daha fazladır.

Çalıştığı iş yerinde besleme, hijyenik koşullar sağlama ve insektisit uygulamaları yapan ve 13 yıldan fazla bir süre boyunca piretroid insektisitlere maruz kalan 45 yaşındaki bayan hayvan bakıcısının durumu araştırılmıştır. Bu bayanın idrar testleri ve saç analizleri pozitif piretroid kontaminasyonuna işaret etmiştir. Cilt sıyrık testleri permetrin ve S-bioalletrine doza bağımlı yanıt göstermiştir. Kan lenfosit sayısı anormal yüksek bulunmuş ve lenfosit uyarıcı test numunelerinin süpernatantlarında IL–4 ve IFN-gammanın belirlenmesi, anormal lenfokin kinetiğine işaret etmiştir. Ortaya konan piretroid intoksikasyonunun, allerji benzeri yanıtların artmasıyla sonuçlanan, immun sistemi düzenleyen faktörlerdeki değişime paralel olduğu sonucu çıkarılmıştır (Mitsche ve ark., 2000).

Sinir sistemi üzerindeki etkileri

Birçok türde emme periyodu, hızlı beyin gelişimi periyoduyla aynı zamana rastlar. Bu periyot, aksonal ve dendritik fazla büyüme ve sinirsel bağlantıların ya da sinaptogenezisin kurulmasını kapsar; aynı zamanda çok sayıda değişikliklerle birliktedir. Bu periyot boyunca kolinerjik transmitter sistem, yeni doğanlarda hızlı gelişim gösterir. Bu yüzden bioalletrin gibi piretroidlerin zararları, özellikle bu dönemde daha fazladır. Kolinerjik sistemdeki lezyonlar, öğrenme ve hafıza eksikliğine sebep olabilir. Gelişen kolinerjik sistem DDT, piretroidler, PCB, DFP ve nikotin gibi çevresel zehirlerin düşük dozlarına duyarlı bulunmuştur. Çevresel zehirlerin birçoğunun, yetişkinlerde sinir sistemi üzerinde akut toksik etkiye sahip olduğu bilinir. Fakat düşük doz maruziyeti hakkında bilinen çok azdır.

Muhtemelen çevre kirleticilerine maruz kalma, yaşlanmayı ve kolinerjik sistemde yaşa bağlı değişiklikleri hızlandırabilir (Eriksson, 1997).

Bazı araştırmacılar (Ahlbom ve ark., 1994; Talts ve ark., 1998a), bioalletrine neonatal ve yetişkin olarak maruz kalındıktan sonraki davranışları ve muskarinik reseptör yoğunluğundaki değişiklikleri incelemişlerdir. On günlük erkek farelere oral yolla bioalletrin (yedi gün boyunca, günde 0,7 mg/kg) verilmiş; daha sonra beş haftalık olduklarında da gavajla bioalletrinin aynı dozu tekrar verilmiştir. Son uygulamadan 24 saat sonra, spontan motor aktivitesinin önemli ölçüde arttığı; fareler yedi aylık oldukları zaman spontan davranış rahatsızlıkları ve muskarinik reseptör değişikliklerinin devam ettiği ve öğrenme ile hafıza eksikliğinin geliştiğini saptamışlardır. Bu sonuçlara göre bioalletrine neonatal olarak maruz kalma, yetişkin farelerde muskarinik reseptörlerde kalıcı değişiklikler ve spontan davranışlara yol açmaktadır.

DDT ile Tip I piretroidlerin etki şekli birbirine benzer. Bu yüzden Tip I piretroidler ve DDT türevleri arasında çapraz dirençlilik görülür. Her ikisinin etki şekli, sinirsel aktivitenin artmasına yol açan sinir membranındaki sodyum kanallarıyla özel bir etkileşmeyi kapsar. Fakat Tip I piretroidlerin etki süresi DDT'ye göre daha kısadır. Bioalletrin ile birlikte DDT kullanılarak yapılan araştırmada (Talts ve ark., 1998b; Johansson ve ark., 1995), kalıcı çevresel zehir olan DDT'ye neonatal olarak maruz kalan ve müteakiben bioalletrin gibi kalıcı olmayan zehire yetişkin olarak maruz kalan farelerde, muskarinik kolinerjik reseptör yoğunluğunun arttığı kaydedilmiştir.

Başka bir çalışmada 1-9 hafta süreyle bioalletrin içerikli piretroid insektisit ezalo-matın gece boyunca inhalasyonu sonucu farelerde, klinik olarak kronik nörotoksisite, postmortem olarak da meningslerde hemoraji gözlenmiştir (Shehata, 1991).

İrritasyon yapıcı etkileri

Bioalletrine kısa süreli maruz kalmanın nörotoksik etkiler ile birlikte göz, cilt ve solunum yolu irritasyonuna neden olduğu bildirilmektedir. Bioalletrin ve esbiotrin, Yeni Zelanda beyaz tavşanlarının cildinde hafif primer irritasyon ve gözlerde çok hafif irritasyon oluşturan bileşikler olarak sınıflandırılırlar. Bu amaçla bioalletrin ve esbiotrinin deriyi tahriş ediciliği, tavşanların zarar görmemiş ve yaralı ciltlerinde incelenmiş ve her iki bileşiğin hafif tahriş edici özelliği olduğu belirlenmiştir (Audegond ve ark., 1984).

Endokrin sistem üzerindeki etkileri

Piretroid insektisitler dünya çapında en yaygın kullanılan insektisit gruplarındandır. Fakat endokrin sistem üzerindeki olumsuz etkileri halen tam olarak açığa kavuşturulamamıştır. Ancak östrojenik mekanizmayı açıklamak için insan göğüs kanseri hücrelerinde (MCF-7 BUS) östrojen reseptör proteini ve pS2 (östrojen ve östrojen benzeri kimyasalları güçlü şekilde indüklediğinden dolayı test bileşiklerinin östrojenik aktivitesini belirlemek için kullanılan bir gendir) mRNA seviyeleri ölçülmüştür. Yaygın kullanımlarından dolayı yedi piretroid insektisit (bioalletrin, sipermetrin, deltametrin, fenvalerat, permetrin, sumitrin ve tetrametrin) ve pozitif kontrol olarak da 17 β-estradiol test edilmiştir. 17 β-estradiol'un 10^{-11} M ve daha yüksek konsantrasyonlarda, MCF–7 BUS hücre proliferasyonunu önemli ölçüde artırdığı ve anti-östrojenik aktivite testinde bioalletrin, fenvalerat ve permetrinin 10^{-6} M'da, 17 β-estadiol'un teşvik ettiği MCF–7 BUS hücre proliferasyonunu önemli ölçüde inhibe ettiği sonucuna varılmıştır. Bu sonuçlara göre, bioalletrinin anti-östrojenik etkiye sahip olduğu, dolayısıyla hormonal yolla reprodüktif disfonksiyona, hasarlara ve kanser gelişmesine katkıda bulunabileceği ileri sürülebilir (Kim ve ark., 2004).

Karaciğer ve diğer organlar üzerindeki etkileri

Karaciğer birçok zehirli maddenin metabolize edilmesinde görev yapan bir organ olduğu için, bioalletrin ve diğer alletrin türevlerinin olumsuz etkilerinden en fazla etkilenen organlardan biridir. Karaciğerde bu insektisitlerden ileri gelen en belirgin yan etki, karaciğer ağırlığının artmasıdır. 90 günlük bir toksisite çalışmasında (Kadota, 1972) dişi ve erkek sıçanlar 0, 750, 2000 ya da 4000 mg/kg dozlarda d-alletrin ihtiva eden yemlerle beslenmişlerdir. Bu çalışmanın sonucunda, 2000 mg/kg veya daha fazla d-alletrin alan hayvanlarda, karaciğer ağırlığında artma gözlenmiş ve 4000 mg/kg dozda alanlarda, glutamin-oksaloasetik ve glutamin-piruvik asit transaminaz aktivitelerinin yükseldiği belirlenmiştir. Benzer değişiklikler d-alletrinle yapılan başka bir çalışmada da (Sato ve ark., 1985) elde edilmiştir. Sato ve ark.'nın çalışmasında dişi ve erkek sıçanlar, 123 hafta boyunca 0, 125, 500 ya da 2000 mg/kg dozda d-alletrin ihtiva eden yemlerle beslenmişlerdir. 500 mg/kg'ı aşan seviyelerde azalmış vücut ağırlığı, artmış karaciğer ve böbrek ağırlığı gözlenmiş ve bu seviyelerde glutamin-oksaloasetik, glutamin-piruvik asit transaminaz ve alkalin fosfataz aktivitesinin azaldığı bulunmuştur. Histopatolojik incelemede, 500 mg/kg ya da daha yüksek seviyelerde d-alletrin alan hayvanların karaciğerinde histositleri fagosite eden kristaller saptanmıştır.

Köpeklerin yiyeceklerine altı hafta boyunca 200, 1000 ya da 5000 mg/kg konsantrasyonda bioalletrin katılarak yapılan bir çalışmada (Griggs ve ark., 1982), yüksek doz seviyelerinde genel vücut titremesi kaydedilmiştir. Vücut ağırlık kazancı 1000 mg/kg dozu alan erkeklerde ve 5000 mg/kg dozu alan her iki cinsiyette de azalmıştır. 1000 mg/kg ve 5000 mg/kg dozu alan erkeklerde ve 5000 mg/kg dozu alan dişilerde alkalin fosfatazın ortalama seviyelerinde devamlı bir yükselme kaydedilmiş ve 5000 mg/kg dozda hem dişi hem de erkeklerde SGPT'de yükselme gözlenmiştir. Histopatolojik inceleme, 1000 ve 5000 mg/kg dozda bioalletrin alan gruplardaki hem erkek hem de dişilerde hepatosellüler dejenerasyonu açığa çıkarmıştır. Bu, intrakanalikülar ve hepatoselüler pigmentasyonla ilişkili olup, benzer pigmentasyon renal korteksin tubular epitelyumunda da gözlenmiştir.

Başka bir çalışmada (Morris, 1997) 80 sıçan, 104 hafta boyunca 0, 100, 500, 1500 ya da 4500 ppm düzeyinde esbiotrin içeren yemle beslenmiştir. 1500 ve 4500 ppm düzeyinde dişilerde, 4500 ppm düzeyinde ise erkeklerde vücut ağırlık kazancının düşmesi, 1500 ve 4500 ppm düzeyinde her iki cinsiyette serum aminotransferazlarda artma, 4500 ppm düzeyinde serum kolesterol seviyelerinde artma, 1500 ve 4500 ppm düzeyinde her iki cinsiyette karaciğer ağırlığında artma, karaciğer hücre hipertrofisi, fokal hücre dejenerasyonu ve nekroz belirlenmiştir.

Çevredeki organizmalara etkileri

Bioalletrin ve diğer alletrin türevleri balıklar için oldukça toksik olup, düşük sıcaklıklarda daha zehirlidir. Bundan dolayı soğuk su balıklarında, sıcak su balıklarından daha etkilidir (Mauck ve ark., 1976). S-bioalletrin, alletrin türevleri içinde balıklar için en zehirli olanıdır. Bioalletrin ve S-bioalletrinin balıklar için genel olan LC_{50} değeri 9 ile 90 µg/litre'dir. Bioalletrin ve diğer alletrin türevlerinin ayrıca kurbağa yavruları, su artropodları, bal arıları (LD_{50} 3-9 μ/arı) ve birçok aquatik omurgasız için toksik olduğu belirlenmiştir.

Sonuç olarak yaygın şekilde kullanılan bioalletrin içerikli sivrisinek kovucu matların, değişik vücut sistemlerinde istenmeyen etkilere neden olabileceği göz önünde bulundurulmalıdır.

Bu çalışmada, sivrisinek kovucularının erişkin olmayanlardaki olası minimum kronik toksik etkilerinin nörofarmakolojik, biyokimyasal, hematolojik ve histopatolojik yöntemlerle belirlenmesi ve Vit E, Vit C ve selenyum gibi antioksidan maddelerin bu tür toksik etkilerin oluşumunu engellemede rolünün bulunup bulunmadığının ortaya çıkarılması amaçlanmıştır.

3. Gereç ve Yöntem

3.1. Gereçler

3.1.1. Deney hayvanı

Bu çalışmada 100 adet Sprague-Dawley ırkı yavru sıçan kullanıldı. Deney hayvanları Yüzüncü Yıl Üniversitesi Tıp Fakültesi Deney Hayvanları Ünitesi'nden temin edildi. Çalışma yapılmadan önce Yüzüncü Yıl Üniversitesi Veteriner Fakültesi Etik Kurulu'ndan onay alındı (Karar sayısı: 2006/004).

3.1.2. Kimyasal gereçler

Bu araştırmada kullanılan bütil hidroksi toluen (BHT, $C_{15}H_{24}O$), tiobarbitürik asit (TBA, $C_4H_4O_2N_2S$), etilen diamin tetra asetik asit (EDTA, $C_{10}H_{14}N_2O_8.2H_2O$), trikloroasetik asit (TCA, $C_2HCl_3O_2$), sodyum klorür (NaCL), di-sodyum hidrojen fosfat (Na_2HPO_4), sodyum dihidrojen fosfat (NaH_2PO_4), etil alkol (C_2H_5OH), sodyum hidroksit (NaOH), metafosforik asit (H_3PO_3), sodyum sitrat ($C_6H_5Na_3O_7$), malonaldehid bis dietil asetat ve redükte glutatyon ($C_{10}H_{17}N_3O_6S$) Merck'ten, 5-5' ditio-bis-2-nitro benzoik asit (DTNB, $C_{14}H_8N_2O_8S_2$) ve formalin ise Sigma'dan temin edildi. Bioalletrin içeren sivrisinek kovucu mat (Spira Mat, Sedat Tahir LTD., Türkiye) ve sivrisinek kovucu tablet ısıtıcı cihaz (Raid, Türkiye) yerel bir marketten satın alındı. Bu çalışmada kullanılan diğer kimyasal maddeleri ketamin hidroklorid (Ketalar®, Parke-Davis, Eczacıbaşı-İstanbul), Vit C (L-askorbik asit %99, Sigma), Vit E+ selenyum (Eselen®, 20 ml flakon, Vetaş), bioalletrin referans standardı (Dr. Ehrenstorfer GmbH, Almanya), SOD ve GPx enzimlerinin ölçümü için (SOD için Ransod, GPx enzimi için

Ransel kitleri) Randox firmasına ait ticari kitler (Randox Laboratories., Diamond Road, Crumlin,Co. Antrim, United Kingdom, BT29 4QY) ve katalaz kitleri (Calbiochem® Kat. No:219265) oluşturdu.

3.1.3. Cihazlar

Bu çalışmada, UV spektrofotometre (Schimadzu UV-mini 1240, Japonya), gaz kromatografi cihazı (Schimadzu GC-17A, Japonya), rotarod aygıtı (Değişim marka, Türkiye), activity cage cihazı (LSI Letica LE 8811, comelia, İspanya), otomatik kan sayım cihazı (Beckman Coulter AcT 5diff AL, USA), santrifüj cihazı (Hettich Mikro 22, Almanya), vortex (Falc, model Mix20, İtalya), dijital hassas terazi (KERN, Almanya), su banyosu (Precitherm® PFV, Almanya), buzdolabı (Bosch, Almanya), distile su cihazı (Şimşek Laborteknik SS-200, Türkiye) kullanıldı.

3.1.4. Diğer gereçler

Otomatik pipetler (Hamilton), otomatik pipet uçları (sarı 5-200 µl, mavi 200-1000 µl ve 1-5 ml'lik uçlar), lityum heparinli tüp, EDTA'lı tüp, insülin enjektörü (Hayat), 2 ml'lik plastik enjektör, ependorf tüpleri, cam malzemeler (beher, balon joje, mezür, katkısız vakumlu cam tüp, huni), süzgeç kağıdı, nonsteril eldiven çalışmada kullanılan diğer malzemeleri oluşturdu.

3.2. Yöntem

3.2.1. Çalışma yeri ve şartları

Bu çalışma, Yüzüncü Yıl Üniversitesi Tıp Fakültesi Deney Hayvanları Ünitesine ait laboratuvarlarda yapıldı. 12 saat ışık 12 saat karanlık ritminde ışıklandırılan, 22 ± 2 °C sıcaklıkta, 23 m^3 boyutundaki odalarda ve standart plastik kafeslerde (Değişim Ltd., İstanbul) barındırılan sıçanlara çeşme suyu ve standart pelet yem (Van Yem Fabrikası) verildi; yem ve su alımı serbest bırakıldı.

3.2.2. Çalışma gruplarının oluşturulması

Çalışma başlamadan çiftleştirilen ve muayene sonucu gebe olduğu tespit edilen dişi sıçanlar ayrı kafeslere konuldu. Doğumdan sonra sağlıklı oldukları tespit edilen 100 adet yavru sıçan, her birinde 25 adet olmak üzere dört çalışma grubuna ayrıldılar.

1. **Kontrol grubu:** Kontrol grubu olarak ayırılan bu gruptakiler, deneme grubundaki hayvanlar ile aynı koşullara sahip başka bir odada, bioalletrine maruz bırakılmadan bekletildi.

2. **Bioalletrin grubu:** Bu gruptaki hayvanlar sadece bioalletrin inhalasyonuna maruz bırakıldılar.

3. **Vit C+ bioalletrin grubu:** Bu grupta yer alan hayvanlara, bioalletrin inhalasyonuna ek olarak Vit C uygulandı.

4. **Vit E+ selenyum+ bioalletrin grubu:** Bu gruptaki yavru sıçanlara, bioalletrin inhalasyonuna ek olarak Vit E ve selenyum uygulandı.

3.2.3. Deneyin uygulanışı

Yavru sıçanlar 1 haftalık olduklarında deney prosedürü uygulanmaya başlandı. Bioalletrin içeren tabletler, kutusunun üzerinde önerildiği gibi elektrikli cihaz içine kondu ve kontrol grubu dışındaki yavrular, tabletlerin ısınması sonucu açığa çıkan buhara gece boyunca günde sekiz saat maruz bırakıldılar. Bunun yanı sıra 3. gruptaki yavruların taze içme suyuna, her gün 500 mg/lt hesabıyla Vit C ilave edildi. 4. gruptaki yavrulara da haftada bir intraperitonal yolla 50 mg/kg doz hesabıyla Vit E+ selenyum uygulandı. Vit E'nin dozu Meier-Bratschi ve ark. (1983), Vit C'nin dozu ise Hsu ve arkadaşlarının (1998) çalışması referans alınarak tespit edildi. Yavrular laktasyon periyodu boyunca (1 ay) anneler ile birlikte aynı kafeste kaldılar. Bu süre sonunda anne başka kafese aktarıldı. Çalışmanın 30, 45, 60, 75 ve 90. günlerinde deney hayvanlarına sırasıyla open field testi ve rotarod testi uygulandı. Testler bittikten 1 gün sonra, her gruptan 5 hayvan ketamin hidroklorid ile anestezi edilerek, intrakardiyak yolla kan alındı. Ayrıca 90 günlük yavru sıçanlar kan örnekleri alındıktan sonra ötenazi edilip karaciğer, dalak ve beyin numunesi alınarak mikroskobik bulgular yönünden değerlendirilmek amacıyla %10'luk formaldehitte saklandı.

3.2.4. Kan örneklerinin alınması ve saklanması

Anestezi altındaki hayvanlarda, insülin enjektörü ile kalbe doğrudan girilerek kan numunesi alındı. Rutin kan testleri için en az 0.2 ml kan numunesi EDTA'lı tüplere, biyokimyasal analizler için ise en az 1 ml kan numunesi lityum heparinli tüplere konuldu. EDTA'lı tüplere alınan kanlarda iki saat içinde bazı kan parametrelerinin değerlendirilmesi yapıldı. Lityum heparinli tüplere alınan kan örneklerinden bir kısmı MDA ve GSH düzeylerinin saptanması amacıyla hiçbir işleme tabi tutulmadan tam kan olarak ayrıldı ve bu analizler aynı gün içinde yapıldı. Bu analizlerden sonra kanlar, 3000 devirde 15 dakika santrifüj edilerek plazmaları ayrıştırıldı. Eritrosit paketi, %0,9 luk NaCl çözeltisi ile 1:1 oranında karıştırılarak 2000 devirde 5 dakika santrifüj edildi. Bu işlem 3 kez tekrarlanarak eritrositler yıkandı. Eritrosit içi antioksidan enzimlerin ölçümü için hazırlanan eritrosit paketi, işlemlerin yapılacağı ana kadar buzdolabının -20 °C'lik derin dondurucu kısmında muhafaza edildi.

3.2.5. Nörofarmakolojik testler

***Open field testi (Spontan lokomotor hareket testi)*:** İlaçlar ve toksinler, merkezi sinir sisteminin fonksiyonlarını etkileyerek hayvanların davranışlarında değişikliğe yol açarlar. Uyarıcı ve deprese edici etkiler, vücut hareketlerindeki önemli değişimlerle gösterilir. Open field testi de, belli bir zaman periyodunda hayvanların spontan lokomotor aktivitesi hakkında bilgi edinmek ve görüntülemek için kullanılır. Bu amaçla çalışma activity cage cihazı ile yapıldı.

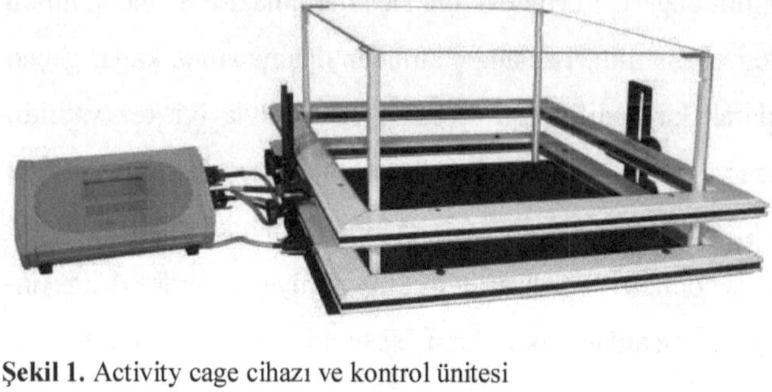

Şekil 1. Activity cage cihazı ve kontrol ünitesi

Her bir hayvan, yatay ve dikey hareketi kaydetmek için iki foto ışın alıcısı ile donatılmış şeffaf pleksi kafese (W x D x H; 450 x 450 x 200 mm) konuldu ve lokomotor hareketlerin kaydına başlandı. Bu amaçla kafeste otomatik olarak ışınların absorbsiyonu kaydedildi ve bilgisayar donanımlı bir sisteme gönderildi. Her bir hayvan için test süresi 5 dk olarak belirlendi. Sıçanların hareketlerindeki olası değişimlerden kaçınmak için her ölçümden sonra kafes %10 alkol ile temizlendi ve bir bezle kurutuldu. Ölçümde hızlı ve yavaş hareketlerin sayısı ve toplam hareket sayısı kaydedildi. Ayrıca kafesteki dışkı sayısı da sayıldı. Ölçümler sabah 9.00 ile öğleden sonra 15.00 arasında yapıldı. Ölçümün yapıldığı yerde sıçanların hareketlerini etkileyebilecek ses, hareket ve ışık değişikliği gibi olumsuz etkilerden kaçınılmaya çalışıldı.

Rotarod testi: Rotarod cihazı, nörotoksisite ölçümlerinde genel nöromüsküler fonksiyonlar, denge ve koordinasyonun bir göstergesi olarak kullanılan bir cihazdır (Şekil 2). Deney hayvanları open field testinden sonra, rotarod testine alındılar. Bu çalışma için dönme hızı 20 devir/200 sn olarak tayin edildi. Deney hayvanlarının tümü kesin ölçümlerden bir gün önce rotarod üzerinde koşturuldu ve düşmeksizin 200 saniye kalabilene kadar çalıştırıldı. Bu uygulamanın amacı, hayvanların cihaza aşina olmaları ve performanslarının stabil hale getirilmesiydi. Kesin ölçümlerde rotarod işlev performansının değerlendirilmesi için sıçanlar cihazın üstüne konuldu ve döndürme işlemi başlatıldı. Başlangıç anından düşme anına kadar geçen süre otomatik olarak kaydedildi. Bu ölçüm 1 saat arayla iki kez yapıldı. Sıçanların cihazdan düştüğü mesafe ve düşülen zemin sıçanların ayaklarına zarar vermeyecek, kolaylıkla düşebilecekleri bir durumdaydı. İki rotarod testinin sonucunda dönen rod üzerinde 200 saniye süreyle dengesini sürdüremeyip düşen sıçanlar, lokomotor sistemdeki hasarın göstergesi olarak kabul edildi.

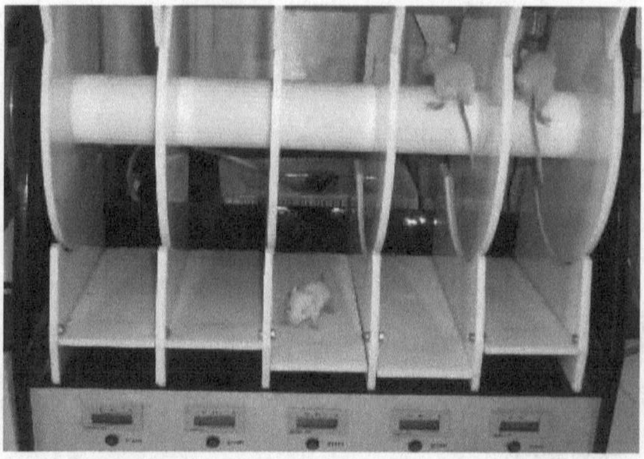

Şekil 2. Rotarod cihazı

3.2.6. Biyokimyasal testler

***MDA analizi*:** MDA, LPO'nun sekonder bir ürünü olup, lipitlere ait peroksidasyonun belirlenmesinde kullanılan önemli bir parametredir. MDA ölçümü, Akkuş'un (Akkuş, 1995) tarif ettiği TBA reaksiyonu esasına dayanan spektrofotometrik yöntemle yapıldı. Bu metod, lipit peroksidlerin TBA ile reaksiyonu sonucu kırmızı bir renk oluşturmasına ve spektrofotometrik olarak okunmasına dayanmaktadır. Kısaca 0.2 ml tüm kan üzerine 0.8 ml fosfat tampon[1], 0.025 ml BHT çözeltisi[2] ve 0.5 ml %30'luk TCA çözeltisinden[3] eklenip vortekste karıştırıldı. İki saat buzda beklettikten sonra 2000 devirde 15 dk santrifüj edildi. 1 ml süpernatant alınarak, üzerine 0.075 ml 0.1 M EDTA çözeltisi[4] ve 0.25 ml %1 TBA çözeltisi[5] eklenerek tüpler karıştırıldı. Karıştırılan tüpler, kaynar su banyosunda 15 dk beklettikten sonra oda ısısına getirildi. Spektrofotometre distile su ile sıfırlanıp; 532 nm'de ilk okuma, 600 nm'de de ikinci okuma yapıldı.

Standart olarak belli konsantrasyondaki 1,1,3,3 tetra-etoksi-propan (malonaldehid bis (dietil asetat)) veya 1,1,3,3 tetra metoksipropan (malonaldehid bis (dimetil asetat)) kullanıldı.

Hesaplamada; körün absorbansı numunenin absorbansından çıkartılarak net absorbanslar bulundu. MDA-TBA kompleksinin 532 nm'deki molar ekstinksiyon katsayısı olan $1.56x10^5$ M^{-1} cm^1 'den faydalanılarak ve dilüsyon faktörü de dikkate alınarak nmol/mL cinsinden MDA konsantrasyonu hesaplandı.

MDA (nmol/ml)= $(Abs_{532} - Abs_{600})$ x 64,7636

Çözeltiler:

1- Fosfat tampon: 8.1 g NaCL, 2.302 g Na_2HPO_4, 0.194 g NaH_2PO_4 tartılıp, bir miktar distile suda eritilir. Son hacim 1 lt tamamlanır. PH 7.4'e ayarlanır.

2- BHT çözeltisi (%0.088): 88 mg BHT, 10 ml mutlak alkol içinde eritilir.

3- TCA çözeltisi (%30): 30 g TCA, distile su ile 100 ml'ye tamamlanır.

4- EDTA çözeltisi (0.1 M): 37.224 g EDTA-Na_2H_2O distile su ile 1 lt'ye tamamlanır.

5- TBA çözeltisi (%1): 1 g TBA 100 ml 0.05 N NaOH (2 gr NAOH 1 litreye tamamlanır) içinde eritilir.

Eritrosit içi glutatyon düzeyinin ölçümü: Eritrosit içi GSH düzeyleri, Beutler ve arkadaşlarının (1963) yöntemine göre ölçüldü.

Çizelge 1. GSH düzeyinin tayini için işlem basamakları

Numune	Kör	Standart
200 µl tüm kan	2 ml distile su	200 µl standart (40mg/100ml su)
1.8 ml distile su		
3 ml presipitasyon çözeltisi[1] eklenir		
5 dk bekletilir		
Filtre kağıdı ile süzülür		
8 ml fosfat solüsyonundan ilave edilir[2]		
1 ml DTNB[3] eklenir		
412 nm'de okunur		

1- Presipitasyon çözeltisi: 1.67 g metafosforik asit + 0.2 g EDTA + 30 g Nacl 100 ml distile suda eritilir.
2- Fosfat solüsyonu: 0.3 M Na_2HPO_4 (MA = 120 g /mol)
3- DTNB çözeltisi: 40 mg DTNB % 1 sodyum sitrat ile eritilir.

Hesaplamada, numune ve standartın absorbansından körün absorbansı çıkarılarak net absorbanslar bulundu. Standart konsantrasyonu ve GSH'nun molekül ağırlığından yararlanılarak nmol/ml cinsinden numunelerdeki GSH konsantrasyonları hesaplandı.

$$\text{Glutatyon (nmol/ml)} = \frac{\text{(numune absorbansı – kör absorbansı) x 40}}{\text{(standart absorbansı – kör absorbansı)}}$$

GPx enzim aktivitesi ölçümü: Bu ölçüm için Paglia ve Valentine (1967) tarafından geliştirilen yöntem esas alınmıştır. GPx enzimi, kümen peroksit varlığında GSH'un GSSG'ye dönüşmesini katalizler. Kümen peroksidin bulunduğu ortamda oluşan GSSG, glutatyon redüktaz (GR) ve NADPH yardımıyla GSH'a indirgenir. GPx enzimi aktivitesi, NADPH'ın $NADP^+$'ye yükselmesi sırasında absorbans farkının 340 nm'de okunması ile ölçülür. U/L cinsinden bulunan enzim aktivitesi, dilüsyon katsayısı olan 201 ile çarpıldıktan sonra U/ml cinsinden hesaplanır. Okumalar kit prospektüsüne uygun olarak yapıldı.

Çizelge 2. GPx enzimi aktivitesinin tayini için işlem basamakları

	Ayıraç Körü	Sulandırılmış Örnek
Sulandırılmış Örnek[1]	—	20 µl
Distile su	20 µl	—
Ayıraç[2]	1 ml	1 ml
Kümen[3]	40 µl	40 µl

1- Sulandırılmış örnek: 10 µl eritrosit paketi[1] 2 ml sulandırma ayıracı* ile sulandırıldı.
(sulandırma katsayısı: 201).
*Sulandırma ayıracı: Sulandırma ayıracı, 200 ml distile su ile hazırlanır.
2- Ayıraç: 6.5 ml tampon* ile bir kutu reagent sulandırılır.
*Tampon: Kullanıma hazır
3- Kümen hidroperoksit: 10 µl kümen + 10 ml distile su karıştırılır.

Küvetler karıştırılarak ilk okuma spektrofotometre ile 340 nm'de 1 dk (A_0) sonra yapıldı ve zaman başlatıldı. Zaman başlatıldıktan 1 dk sonra sonra 2. okuma (A_1), 2 dk sonra ise 3. okuma (A_2) yapıldı.

Hesaplama (numune farkı – sabit fark) x 201 = U/ml formülü ile yapıldı.

(Numune farkı = 8412 x $\Delta A_{340\ nm/dk}$, Sabit fark = 8412 x $\Delta A_{k\ddot{o}r}$)

ΔA: Her üç okuma arasındaki farkın ortalaması

***SOD enzim aktivitesi ölçümü*:** Deneyin prensibi Woolliams ve ark.'nın (1983) metoduna dayanmaktadır. Oksidatif enerji üretimi sırasında oluşan süperoksit radikalleri dismutasyona uğratılarak H_2O_2 ve moleküler oksijene dönüştürülür. Bu yöntemde, ksantin ve ksantin oksidaz kullanılarak oluşturulan süperoksit ($O_2^{\cdot-}$) radikallerinin 2 - [4 - iyodofenil] – 3 - [4 - nitrofenol] – 5 - feniltetrazoliyum klorür (piyodonitrozoliyum violet: INT) ile oluşturduğu kırmızı renkli formazon boyasının 505 nm dalga boyunda verdiği optik dansitenin okunması esas alınmaktadır. Örnekte bulunan SOD enzimi, süperoksit radikalini ortamdan uzaklaştırarak formazon reaksiyonunu inhibe etmektedir. Sonuçta oluşan kırmızı renkteki azalmanın tespiti ile SOD enzimi aktivitesi ölçülmektedir. Kırmızı rengin şiddeti ile SOD enzimi aktivitesinin büyüklüğü arasında ters bir ilişki mevcuttur.

Çalışma kit prospektüsüne uygun şekilde yapıldı. 10 µl eritrosit paketi[1]'ne 2500 µl 0.01 M fosfat tamponu (PH 7.0) ilave edilip 251 katı sulandırılmış olarak kullanıldı. SOD enzim aktivitesini ölçmek için ayıraç körü, standart ve sulandırılmış örnek küvetlerine çözeltiler tablodaki sırada eklendi. 30 sn sonra 37 ^{o}C'de, spektrofotometre havaya karşı sıfırlanarak 505 nm dalga boyunda 0. dk'da başlangıç absorbansı (A_1), 3 dk sonra ise son absorbans (A_2) okundu.

Çizelge 3. SOD enzimi aktivitesinin tayini için işlem basamakları

	Ayıraç Körü	Standart	Sulandırılmış örnek
Sulandırılmış Örnek[2]	—	—	20 µl
Standart	—	50 µl	—
Fosfat Tamponu[3]	50 µl	—	—
Karışık Substrat[4]	1.7 ml	1.7 ml	1.7 ml
İyice çalkalanır			
Ksantin Oxidaz[5]	0.25 µl	0.25 µl	0.25 µl

1- Eritrosit paketi
2- Sulandırılmış örnek: 10 µl eritrosit paketi + 2500 µl fosfat tamponu
3- Fosfat tamponu: 1.56 g $NaH_2PO_4.2H_2O$ 1 lt suda çözülür. PH=7.0 olmalıdır.
4- Karışık substrat: 20 ml tampon ile karıştırılır. Okurken 37 ^{o}C'de tutulur.
5- Ksantin oksidaz: 10 ml distile suda eritilir.
6- Tampon: Kullanıma hazır.

Sonuçlar aşağıdaki formüle göre hesaplandı:

$$\Delta A \,/\, dakika = \frac{A_2 - A_1}{3}$$

$$\%\ \text{İnhibisyon} = 100 - \frac{\Delta A_{\text{örnek / dakika}} \times 100}{\Delta A_{\text{çalışma körü / dakika}}}$$

SOD enzim aktivitesinin hesaplanması için elde edilen standart grafiği:
$y= 0.0016x^2 + 0.298 - 0.05x=U/ml$
$x= \%$ inhibisyon

CAT enzim aktivitesi ölçümü: Ölçüm, Wheeler ve ark.'nın (1990) geliştirdiği yöntem esas alınarak yapılmıştır. Metod, H_2O_2'nin optimal konsantrasyonunda metanol ile enzimin reaksiyonuna dayanır. Formaldehid üretimi kromojen olarak 4-amino-3-hidrazino-1,2,4-triazol (purpald) kullanılarak spektrofotometrik yolla ölçülür. Purpald spesifik olarak şeffaftan mor renge kadar değişen oksidasyonla aldehidler ile spesifik olarak bisiklik heterosiklik bir şekil alır.

Çizelge 4. CAT enzimi aktivitesinin tayini için işlem basamakları

	Formaldehid Standart	Pozitif kontrol	Numune
Çalışma tamponu[1]	100 µl	100 µl	100 µl
Metanol[2]	30 µl	30 µl	30 µl
Formaldehid standart[3]	20 µl	—	—
Katalaz[4]	—	20 µl	—
Numune[5]	—	—	20 µl
Hidrojen peroksit[6]	20 µl	20 µl	20 µl
Karıştırıcıya konularak oda ısısında 20 dk inkübe edilir.			
Potasyum hidroksit[7]	30 µl	30 µl	30 µl
Kromojen[8]	30 µl	30 µl	30 µl
Karıştırıcıya konularak oda ısısında 10 dk inkübe edilir.			
Potasyum periodat[9]	10 µl	10 µl	10 µl
Karıştırıcıya konularak oda ısısında 5 dk inkübe edilir.			
540 nm'de okunur			

1- Çalışma tamponu: 2 ml çalışma tamponu 18 ml distile su veya deiyonize su ile dilue edilir.
2- Metanol: Kullanıma hazır.
3- Formaldehid standartı: 10 µl formaldehid standartı 9.99 ml numune tamponu [10] ile dilue edilir.
4- Katalaz: Katalaz viyaline 2 ml numune tamponu[10] eklenerek sulandırılır ve vortekste iyice karıştırılır. Bu sulandırılmış enzimden 100 µl alınıp 1,9 ml numune tamponu[10] ile tekrar sulandırılarak dilue edilir. -20 °C'de 1 hafta dayanır.
5- Numune: Eritrosit paketi
6- Hidrojen peroksit: 40 µl hidrojen peroksit 9.96 ml distile su ya da deiyonize su ile dilue edilir. Dilue hidrojen peroksit solüsyonu 2 saat içinde kullanıma hazır olur.
7- Potasyum hidroksit: Potasyum hidroksit viyaline 4 ml soğuk distile su veya deiyonize su eklenerek vortekslenir. 4 °C'de en az 3 hafta dayanır.
8- Kromojen: Kullanıma hazır.
9- Potasyum periyodat: Kullanıma hazır.
10- Numune tamponu: 5 ml numune tamponu 45 ml distile su veya deiyonize su ile dilue edilir.

Hesaplama ise aşağıdaki basamaklara göre yapıldı:

a- Her bir standart ve numunenin ortalama absorbansı hesaplanır.

b- Standart A'nın ortalama absorbansı kendinden, bütün diğer standartlardan ve numunelerden çıkarılır.

c- Karakteristik standart eğri için kit prospektüsündeki tablodan formaldehidin son konsantrasyonunun (μM) bir fonksiyonu olarak standartların düzeltilmiş absorbansı çizilir.

d- Her bir numune için doğrulanmış absorbans değerini yerine koyan standart eğrinin linear regresyonundan elde edilen denklemi kullanarak numunelerin formaldehid konsantrasyonu hesaplanır.

$$\text{Formaldehid } (\mu M) = \left[\frac{\text{numunenin absorbansı} - \text{y aralığı}}{\text{düşüş}} \right] x \frac{0.17 \text{ ml}}{0.02 \text{ ml}}$$

e- Aşağıdaki denklemi kullanarak numunenin CAT enzimi aktivitesi hesaplanır. Bir ünite, 25 °C sıcaklıkta her dakikada 1.0 nmol formaldehid şekillenmesine sebep olacak enzimin miktarı olarak belirlenir.

$$\text{CAT Aktivitesi} = \frac{\text{numunenin } M\mu\text{'lü}}{20\,\text{dk}} \text{ x numunenin dilüsyonu} = \text{nmol/dk}$$

/ml

3.2.7. Rutin kan testleri

Tam kan örneğinden eritrosit (RBC), lökosit (WBC), hemoglobin (HGB), hematokrit (HCT), ortalama eritrosit hacmi (MCV), ortalama eritrosit hemoglobini (MCH), ortalama eritrosit hemoglobin konsantrasyonu (MCHC), eritrosit dağılım genişliği (RDW), trombosit (PLT), pletekrit (PCT), lenfosit yüzdesi (LY%), monosit yüzdesi (MO%), nötrofil yüzdesi (NE%), eozinofil yüzdesi (EO %) ve bazofil yüzdesi (BA%) olmak üzere 15 parametrenin analizi YYÜ Veteriner Fakültesi Fizyoloji Anabilim Dalı laboratuarında, empedans yöntemiyle kan sayımı yapan otomatik kan sayım cihazı ile yapıldı.

3.2.8. Histopatolojik inceleme

90 günlük sıçanlardan alınan organlar (beyin, karaciğer, dalak) %10'luk formalinde tespit edildi. Numuneler histopatolojik inceleme için Ondokuz Mayıs Üniversitesi Veteriner Fakültesi Patoloji Anabilim Dalı'na gönderildi. Burada örnekler rutin işlemlerden geçirilerek, parafinle bloklandı. Hazırlanan bloklardan alınan 5 mikron kalınlığındaki kesitler hematoksilen ve eozin ile boyandı. Beyin dokularının incelenmesi için SSS üç koronal kesit olarak trimlendi. Alınan SSS kesitleri; 1) korteks (oksipital, parietal, temporal, priform), talamus, hipotalamus (CA1, CA2, CA3, CA4 ve dentate gyrus), 2) serebellum (subst. alba ve grizea, serellar nükleuslar) ve 3) beyin stemi olarak histopatolojik değerlendirme amacıyla bölgelere ayrıldı.

3.2.9. Sivrisinek kovucu tablette bioalletrin analizi

Tabletlerin gaz kromatografi (GC) cihazı ile etken madde analizleri On Dokuz Mayıs Üniversitesi Veteriner Fakültesi Farmakoloji ve Toksikoloji Anabilim Dalında yaptırıldı. GC-FID cihaz şartları aşağıdaki gibidir:

İnlet (enjektör bloğu sıcaklığı 280 °C, enjeksiyon hacmi 1 µl, enjeksiyon modu splitless, taşıyıcı gaz azot akış hızı 1.52 ml/dk), kolon (TRB-5 kapillar kolon, kolon uzunluğu / iç çapı 30 m x 0.32 mm, film tabakası 0.25 µm kalınlığında fenil-metil silikon), kolon fırın şartları (başlangıç sıcaklığı 100 °C, girişte bekleme süresi 1 dk, fırın 100 °C başlangıç sıcaklığından dakikada 15 °C artarak 200 °C' e ulaştı. Bu derecede 1 dk bekledikten sonra dakikada 15 °C artarak 275 °C'e ulaştı ve 275 °C'de 25 dk beklendi), FID (dedektör sıcaklığı 300 °C) analiz süresi (38.67 dk).

3.3. İstatistiksel Analizler

İstatistiksel değerlendirmeler, SAS (1998) istatistik yazılım programının MEANS ve GLM (General Linear Model) prosedürleri ile yapıldı. Veriler ortalama ± standart hata şeklinde gösterildi. Normal dağılım göstermeyen defekasyon aktı, monosit yüzdesi, eozinofil yüzdesi gibi değişkenlerin normal dağılıma uygunluğunun sağlanması için verilere $\sqrt{X+1}$ prosedürü uygulanarak dönüşüm yapıldı. İstatistik analiz için tek yönlü varyans analizi (ANOVA) yöntemi kullanıldı. Anlamlı çıkan gruplarda önemli farklılıkların belirlenmesi için post-hoc Duncan testi uygulandı. $P<0.05$ olasılık değeri anlamlı kabul edildi.

4. Bulgular

Bu çalışma sonucu elde edilen bulgular çizelgeler halinde gösterilmiştir.

4.1. Nörofarmakolojik Testlere Ait Bulgular

Çizelge 5. Gruplara ait lokomotor hareketi verileri (ortalama ± standart hata)

GRUP	30. Gün	45. Gün	60. Gün	75. Gün	90. Gün
Kontrol	2946±76	1937±256	3582±840	2309±453	2866±620
Bioalletrin	2540±279	2516±550	4176±604	[a]4611±366	[a]4847±552
Vit C+ bio.	2261±252	1814±307	3966±451	[a]4162±333	4348±795
Vit E+ selenyum+ bio.	2879±519	2013±577	3489±647	[bc]2650±487	3848±369

a: $p<0.05$ (Kontrol grubu ile karşılaştırma).
b: $p<0.05$ (Bioalletrin grubu ile karşılaştırma).
c: $p<0.05$ (Vit C+ bioalletrin grubu ile karşılaştırma).

Lokomotor hareketi verilerine göre 75. günde bioalletrin ve Vit C+ bioalletrin grubunun kontrol ve Vit E+ selenyum+ bio. grubuyla, 90. günde ise bioalletrin grubunun kontrol grubu ile arasındaki farklar önemli bulunmuştur ($p<0.05$). Bioalletrin lokomotor hareketlerde artışa yol açmıştır. Vit E+ selenyum+ bio. grubuyla kontrol grubu arasında önemli fark olmaması, Vit E+ selenyumun, bioalletrinin etkilerini nötralize ettiği şeklinde yorumlanabilir.

Çizelge 6. Gruplara ait rearing hareketi verileri (ortalama ± standart hata)

GRUP	30. Gün	45. Gün	60. Gün	75. Gün	90. Gün
Kontrol	903±61	633±72	818±120	570±58	529±53
Bioalletrin	795±67	584±50	901±60	[a]879±97	[a]893±72
Vit C+ bio.	968±91	611±116	996±81	[a]865±79	[a]908±115
Vit E+ selenyum+ bio.	864±171	577±122	804±69	[bc]512±98	[a]813±58

a: $p<0.05$ (Kontrol grubu ile karşılaştırma).
b: $p<0.05$ (Bioalletrin grubu ile karşılaştırma).
c: $p<0.05$ (Vit C+ bioalletrin grubu ile karşılaştırma).

Rearing hareketi verilerinde 75. günde bioalletrin ve Vit C+ bioalletrin grubunda, 90. günde her üç grupta kontrol grubu göre önemli bir artış ($p<0.05$) vardır.

Çizelge 7. Gruplara ait genel hareket aktivitesi verileri (ortalama ± standart hata)

GRUP	30. Gün	45. Gün	60. Gün	75. Gün	90. Gün
Kontrol	3849±130	2571±325	4400±904	2878±507	3395±657
Bioalletrin	3335±307	3100±568	5077±657	[a]5490±453	[a]5740±584
Vit C+ bio.	3229±334	2425±405	4963±468	[a]5028±408	5256±876
Vit E+ selenyum+ bio.	3743±656	2591±683	4292±697	[bc]3162±575	4661±379

a: $p<0.05$ (Kontrol grubu ile karşılaştırma).
b: $p<0.05$ (Bioalletrin grubu ile karşılaştırma).
c: $p<0.05$ (Vit C+ bioalletrin grubu ile karşılaştırma).

Araştırma gruplarının genel hareket aktivitesi bakımından 75. günde bioalletrin ve Vit C+ bioalletrin grubunun kontrol ve Vit E+ selenyum+ bio. grubu ile arasındaki fark, 90. günde ise bioalletrin grubu ile kontrol grubu arasındaki fark istatiksel olarak önemlidir ($p<0.05$). Genel hareket aktivitesi verilerine göre bioalletrin inhalasyonu, bioalletrin grubunda 45 ve 60. günlerde istatistiksel olarak önemsiz, 75 ve 90. günlerde istatistiksel olarak önemli, Vit C+ bioalletrin grubunda 45, 60 ve 90. günde istatistiksel olarak önemsiz, 75. günde istatistiksel olarak önemli bir artışa yol açmıştır.

Çizelge 8. Gruplara ait defekasyon aktı verileri (ortalama ± standart hata)

GRUP	30. Gün	45. Gün	60. Gün	75. Gün	90. Gün
Kontrol	1.54±0.33	1.64±0.28	1.72±0.33	1.15±0.15	2.06±0.37
Bioalletrin	1.78±0.33	2.17±0.15	[a]2.65±0.22	1.75±0.19	2.37±0.38
Vit C+ bio.	1.73±0.32	2.16±0.37	[a]2.73±0.36	1.88±0.41	2.30±0.16
Vit E+ selenyum+ bio.	1.48±0.23	2.03±0.35	[bc]1.25±0.25	1.49±0.30	1.78±0.33

a: $p<0.05$ (Kontrol grubu ile karşılaştırma).
b: $p<0.05$ (Bioalletrin grubu ile karşılaştırma).
c: $p<0.05$ (Vit C+ bioalletrin grubu ile karşılaştırma).

Defekasyon aktı verileri bakımından, bioalletrin ile Vit C+ bioalletrin grubunda kontrol ve Vit E+ selenyum+ bio. grubuna göre 60.

günde istatistiksel olarak önemli ($p<0.05$), diğer günlerde ise istatiksel olarak önemsiz bir artış vardır.

Çizelge 9. Gruplara ait rotarod testi verileri (ortalama ± standart hata)

GRUP	30. Gün	45. Gün	60. Gün	75. Gün	90. Gün
Kontrol	200±0	194±6.50	176±15.04	189±6.74	200±0
Bioalletrin	[a]125±23.24	[a]58±27.51	[a]92±36.6	[a]122±31.9	[a]154±22.6
Vit C+ bio.	[b]195±5.30	[b]167±20.03	149±24.1	[b]190±10	[b]194±6
Vit E+ selenyum+ bio.	[b]186±8.84	[b]182±18.2	162±24.1	[b]193±7.5	[b]192±7.6

a: p<0.05 (Kontrol grubu ile karşılaştırma).
b: p<0.05 (Bioalletrin grubu ile karşılaştırma).
c: p<0.05 (Vit C+ bioalletrin grubu ile karşılaştırma).

Rotarod testi verilerine göre 30, 45, 75 ve 90. günlerde bioalletrin grubu ile diğer gruplar arasındaki, 60. günde ise bioalletrin grubu ile sadece kontrol grubu arasındaki fark istatistiksel olarak önemlidir ($p<0.05$). Bioalletrin grubunda rotarod verilerinde kontrol grubu ve diğer gruplara göre önemli bir azalma gözlenmektedir.

4.2. Biyokimyasal Testlere Ait Bulgular

Çizelge 10. Gruplara ait MDA (nmol/ml) verileri (ortalama ± standart hata)

GRUP	30. Gün	45. Gün	60. Gün	75. Gün	90. Gün
Kontrol	1.68±0.004	1.67±0.008	1.69±0.003	1.71±0.010	1.72±0.008
Bioalletrin	[a]1.87±0.02	[a]1.88±0.013	[a]1.89±0.03	[a]1.93±0.03	[a]1.91±0.02
Vit C+ bio.	[ab]1.79±0.01	[ab]1.78±0.02	[ab]1.80±0.012	[ab]1.83±0.05	[ab]1.80±0.02
Vit E+ selenyum+ bio.	[bc]1.72±0.02	[ab]1.74±0.02	[bc]1.73±0.01	[b]1.75±0.012	[bc]1.74±0.012

a: p<0.05 (Kontrol grubu ile karşılaştırma).
b: p<0.05 (Bioalletrin grubu ile karşılaştırma).
c: p<0.05 (Vit C+ bioalletrin grubu ile karşılaştırma).

MDA verilerinde, bioalletrin grubuyla kontrol ve Vit E+ selenyum+ bio. grubu arasındaki fark tüm zamanlarda önemli bulunmuştur ($p<0.05$). Ayrıca Vit C+ bioalletrin grubuyla kontrol ve bioalletrin grubu arasındaki fark tüm zamanlarda, Vit E+ selenyum+ bio. grubu arasındaki fark ise 30,

60 ve 90. günlerde istatistiksel olarak önemlidir ($p<0.05$). Vit E+ selenyum+ bio. grubu ile kontrol grubu arasındaki fark sadece 45. günde önemlidir ($p<0.05$). Bioalletrin ve Vit C+ bioalletrin grubunun MDA verilerinde kontrol ve Vit E+ selenyum+ bio. grubuna göre artış vardır.

Çizelge 11. Gruplara ait GSH (nmol/ml) verileri (ortalama ± standart hata)

GRUP	30. Gün	45. Gün	60. Gün	75. Gün	90. Gün
Kontrol	54±1.92	52±2.90	50±1.98	60±1.17	58±2.01
Bioalletrin	45±2.22	^{a}42±3.30	^{a}37±2.00	^{a}44±1.63	^{a}42±2.43
Vit C+ bio.	49±2.47	45±2.49	^{b}46±3.08	^{a}51±3.56	^{ab}52±2.46
Vit E+ selenyum+ bio.	^{b}56±4.31	^{b}54±3.51	^{b}51±1.64	^{b}58±3.23	^{bc}59±1.43

a: $p<0.05$ (Kontrol grubu ile karşılaştırma).
b: $p<0.05$ (Bioalletrin grubu ile karşılaştırma).
c: $p<0.05$ (Vit C+ bioalletrin grubu ile karşılaştırma).

GSH verilerine göre bioalletrin grubunun kontrol grubuyla arasındaki fark 45, 60, 75 ve 90. günde, Vit E+ selenyum+ bio. grubuyla arasındaki fark tüm zamanlarda, Vit C+ bioalletrin grubu ile arasındaki fark ise 60 ve 90. günde istatistiksel olarak önemlidir ($p<0.05$). Vit C+ bioalletrin grubunun ise kontrol grubuyla arasındaki fark 75 ve 90. günde, Vit E+ selenyum+ bio. grubuyla arasındaki fark 90. günde önemli bulunmuştur ($p<0.05$). Bioalletrin ve Vit C+ bio. grubu GSH verilerinde azalma vardır.

Çizelge 12. Grupların GPx enzimi aktivitesi (U/ml) verileri (ortalama ± standart hata)

GRUP	30. Gün	45. Gün	60. Gün	75. Gün	90. Gün
Kontrol	4.49±0.90	6.06±0.37	5.45±0.32	6.49±0.92	6.33±0.27
Bioalletrin	3.39±0.22	4.54±0.81	4.52±0.59	4.95±0.57	5.02±0.63
Vit C+ bio.	4.87±0.22	4.84±0.48	5.69±0.45	5.96±0.88	6.29±0.16
Vit E+ selenyum + bio.	^{b}5.50±0.34	^{bc}6.90±0.40	^{abc}7.95±0.51	^{bc}8.22±0.39	^{b}7.44±0.78

a: $p<0.05$ (Kontrol grubu ile karşılaştırma).
b: $p<0.05$ (Bioalletrin grubu ile karşılaştırma).
c: $p<0.05$ (Vit C+ bioalletrin grubu ile karşılaştırma).

Araştırma gruplarının GPx enzimi aktivitesinde, Vit E+ selenyum+ bio. grubunun 30 ve 90. günde sadece bioalletrin grubuyla, 45 ve 75. günde hem bioalletrin hem Vit C+ bioalletrin grubuyla, 60. günde ise her üç grup ile arasındaki fark istatistiksel olarak önemlidir ($p<0.05$). Vit E+ selenyum+ bio. grubunun GPx enzimi aktivitesinde kontrol grubuna göre 60. günde istatistiksel olarak önemli, diğer günlerde ise önemli olmayan bir artış gözlenmiştir. Bioalletrin grubunun GPx enzimi aktivitesinde ise kontrol grubuna göre istatistiksel olarak önemli olmayan bir azalma vardır.

Çizelge 13. Grupların SOD enzimi aktivitesi (U/ml) verileri (ortalama ± standart hata)

GRUP	30. Gün	45. Gün	60. Gün	75. Gün	90. Gün
Kontrol	219.8±0.22	220±0.89	219.3±1.04	221.8±0.58	221.9±0.67
Bioalletrin	^{a}242.0±0.73	^{a}245.7±1.22	^{a}244.4±1.14	^{a}244.6±1.22	^{a}243.2±2.42
Vit C+ bio.	^{ab}229.1±2.01	^{ab}228.2±1.63	^{ab}227.9±1.44	^{ab}231.8±1.85	^{ab}228.6±2.0
Vit E+ Selenyum + bio.	^{bc}219.9±0.25	^{bc}219.7±0.61	^{bc}219.5±0.71	^{bc}220.1±0.53	^{bc}220.3±0.4

a: $p<0.05$ (Kontrol grubu ile karşılaştırma).
b: $p<0.05$ (Bioalletrin grubu ile karşılaştırma).
c: $p<0.05$ (Vit C+ bioalletrin grubu ile karşılaştırma).

SOD enzimi aktivitesi bakımından bioalletrin ve Vit C+ bioalletrin grubunun kontrol ve Vit E+ selenyum+ bio. grupları ile arasındaki fark tüm zamanlarda istatistiksel olarak önemli ($p<0.05$) bulunmuştur. Bioalletrin ve Vit C+ bioalletrin grubunun SOD enzimi aktivitesi, kontrol ve Vit E+ selenyum+ bio. grubuna göre artış göstermiştir. Ayrıca Vit C+ bioalletrin grubunun SOD enzimi aktivitesi bioalletrin grubu ile tüm zamanlarda istatistiksel olarak farklıdır ($p<0.05$).

Çizelge 14. Grupların CAT enzimi aktivitesi (nmol/dk/ml) verileri (ortalama ± standart hata)

GRUP	30. Gün	45. Gün	60. Gün	75. Gün	90. Gün
Kontrol	1.68±0.13	1.70±0.16	2.18±0.19	2.48±0.22	2.22±0.18
Bioalletrin	^{a}3.34±0.25	^{a}4.40±0.22	^{a}3.92±0.14	^{a}3.92±0.21	^{a}3.64±0.38
Vit C+ bio.	^{ab}2.24±0.19	^{a}3.56±0.51	^{ab}3.22±0.19	^{a}3.84±0.34	^{b}2.88±0.26
Vit E+ selenyum + bio.	^{b}1.86±0.09	^{abc}2.62±0.17	^{bc}2.44±0.19	3.12±0.43	^{b}2.42±0.15

a: $p<0.05$ (Kontrol grubu ile karşılaştırma).
b: $p<0.05$ (Bioalletrin grubu ile karşılaştırma).
c: $p<0.05$ (Vit C+ bioalletrin grubu ile karşılaştırma).

CAT enzimi aktivitesi verilerine göre bioalletrin grubunun kontrol grubu ile arasındaki fark tüm zamanlarda istatistiksel olarak önemli ($p<0.05$) bulunmuştur. Vit C+ bioalletrin grubunun SOD enzimi aktivitesi ise kontrol grubuyla 30, 45, 60 ve 75. günlerde ve Vit E+ selenyum+ bio. grubuyla 30, 45, 60 ve 90. günlerde istatistiksel olarak farklıdır ($p<0.05$). Vit E+ selenyum+ bio. grubunun kontrol grubuyla arasındaki fark sadece 45 günde istatistiksel olarak önemli ($p<0.05$) bulunmuştur. Bioalletrin ve Vit C+ bioalletrin grubunun CAT enzimi aktivitesi kontrol ve Vit E+ selenyum+ bio. grubuna göre tüm zamanlarda önemli bir artış göstermiştir.

4.3. Rutin Kan Testlerine Ait Bulgular

Çizelge 15. Gruplara ait eritrosit (10^6 /µL) değerleri (ortalama ± standart hata)

GRUP	30. Gün	45. Gün	60. Gün	75. Gün	90. Gün
Kontrol	5.03±0.21	6.43±0.09	6.99±0.27	7.24±0.28	6.55±0.10
Bioalletrin	^{a}5.93±0.22	^{a}8.10±0.25	^{a}8.20±0.22	^{a}8.82±0.35	^{a}8.43±0.18
Vit C+ bio.	5.74±0.29	^{ab}6.95±0.10	^{b}7.00±0.18	^{a}8.71±0.34	^{a}7.70±0.38
Vit E+ selenyum + bio.	5.40±0.26	^{b}6.78±0.15	7.51±0.22	^{abc}6.22±0.15	^{b}7.34±0.39

a: $p<0.05$ (Kontrol grubu ile karşılaştırma).
b: $p<0.05$ (Bioalletrin grubu ile karşılaştırma).
c: $p<0.05$ (Vit C+ bioalletrin grubu ile karşılaştırma).

Eritrosit değerleri bakımından bioalletrin grubunda tüm zamanlarda, Vit C+ bioalletrin grubunda 45, 75 ve 90. günlerde kontrol grubuna göre istatistiksel olarak önemli ($p<0.05$) bir artış bulunmuştur. Vit C+ bioalletrin grubunun 45 ve 60. günde, Vit E+ selenyum+ bio. grubunun ise 45, 75 ve 90. günlerde bioalletrin grubu ile aralarındaki fark önemlidir ($p<0.05$). Çünkü bioalletrin grubunda kontrol grubuna göre tespit edilen artış daha fazladır. Vit E+ selenyum+ bio. grubu 75. günde diğer gruplara göre önemli ($p<0.05$) bir azalma göstermiştir.

Çizelge 16. Gruplara ait hemoglobin (g/dL) değerleri (ortalama ± standart hata)

GRUP	30. Gün	45. Gün	60. Gün	75. Gün	90. Gün
Kontrol	9.94±0.3	12.42±0.3	13.70±0.4	13.99±0.4	13.36±0.1
Bioalletrin	11.23±0.6	^{a}13.83±0.5	14.46±0.4	15.25±0.5	^{a}14.95±0.3
Vit C+ bio.	11.26±0.5	13.08±0.2	13.36±0.2	^{a}16.19±0.6	^{a}15.26±0.7
Vit E+ selenyum + bio.	11.15±0.6	^{b}12.73±0.2	13.43±0.7	^{bc}12.7±0.3	^{bc}13.4±0.6

a: p<0.05 (Kontrol grubu ile karşılaştırma).
b: p<0.05 (Bioalletrin grubu ile karşılaştırma).
c: p<0.05 (Vit C+ bioalletrin grubu ile karşılaştırma).

Hemoglobin değerlerinde, bioalletrin grubunda kontrol grubuna göre 45 ve 90. günde, Vit E+ selenyum+ bio. grubuna göre 45, 75 ve 90. günde, Vit C+ bioalletrin grubunda ise kontrol ve Vit E+ selenyum+ bio. grubuna göre 75 ve 90. günde, istatistiksel olarak önemli (p<0.05) bir artış vardır.

Çizelge 17. Gruplara ait hematokrit (%) değerleri (ortalama ± standart hata)

GRUP	30. Gün	45. Gün	60. Gün	75. Gün	90. Gün
Kontrol	30.6±1.2	37.1±0.9	41±1.4	42.2±1.2	36.4±1
Bioalletrin	34.9±2	^{a}42.3±1.1	43.6±1.3	46.3±1.7	^{a}44.5±1.1
Vit C+ bio.	34.3±1.4	^{b}39.3±0.6	^{b}39.6±0.8	^{a}48.3±1.9	^{a}44.3±2
Vit E+ selenyum + bio.	32.3±1.6	^{b}38.6±0.7	40.3±1.6	^{abc}36.5±1.1	^{bc}39.6±1.9

a: p<0.05 (Kontrol grubu ile karşılaştırma).
b: p<0.05 (Bioalletrin grubu ile karşılaştırma).
c: p<0.05 (Vit C+ bioalletrin grubu ile karşılaştırma).

Hematokrit değerleri, bioalletrin grubunda 45 ve 90. günlerde, Vit C+ bioalletrin grubunda 75 ve 90. günlerde kontrol grubuna göre anlamlı derecede (p<0.05) artmıştır. Vit C+ bioalletrin grubunun 45 ve 60. günlerde, Vit E+ selenyum+ bio. grubunun 45, 75 ve 90. günlerde bioalletrin grubuyla arasındaki fark istatistiksel olarak önemli bulunmuştur. 75. günde Vit E+ selenyum+ bio. grubunda diğer gruplara göre istatistiksel olarak önemli (p<0.05) bir azalış vardır.

Çizelge 18. Gruplara ait MCV (fL) değerleri (ortalama ± standart hata)

GRUP	30. Gün	45. Gün	60. Gün	75. Gün	90. Gün
Kontrol	60.89±1.0	57.75±0.7	58.51±0.4	58.52±2.1	56.28±0.7
Bioalletrin	58.64±1.2	^{a}52.31±2.0	^{a}53.12±0.2	^{a}52.46±0.5	^{a}52.70±0.4
Vit C+ bio.	59.91±1.3	^{b}56.52±0.7	^{b}56.54±0.7	55.59±1.9	^{b}57.48±0.6
Vit E+ selenyum + bio.	59.45±0.2	^{b}56.94±0.3	^{a}53.77±2.5	^{b}58.58±0.6	^{a}53.97±0.4

a: $p<0.05$ (Kontrol grubu ile karşılaştırma).
b: $p<0.05$ (Bioalletrin grubu ile karşılaştırma).
c: $p<0.05$ (Vit C+ bioalletrin grubu ile karşılaştırma).

Araştırma gruplarının MCV verilerine göre, bioalletrin grubu 45, 60, 75 ve 90. günlerde kontrol grubuna göre istatistiksel olarak önemli ($p<0.05$) bir azalma göstermiştir. Bioalletrin grubunun MCV verilerindeki bu azalma, 45, 60 ve 90. günlerde Vit C+ bioalletrin grubuna, 45 ve 75. günlerde ise Vit E+ selenyum+ bio. grubuna göre istatistiksel olarak önemli ($p<0.05$) bulunmuştur. Ayrıca Vit E+ selenyum+ bio. grubunda 60 ve 90. günde kontrol grubuna göre anlamlı ($p<0.05$) bir azalma vardır.

Çizelge 19. Gruplara ait MCH (pg) değerleri (ortalama ± standart hata)

GRUP	30. Gün	45. Gün	60. Gün	75. Gün	90. Gün
Kontrol	19.8±0.4	19.3±0.3	19.6±0.2	19.4±0.4	20.4±0.2
Bioalltrin	18.9±0.4	^{a}17.1±0.9	^{a}17.6±0.1	^{a}17.3±0.2	^{a}17.7±0.1
Vit C+ bio.	19.7±0.4	^{b}18.8±0.3	^{b}19.1±0.3	18.6±0.7	^{b}19.8±0.3
Vit E+ selenyum + bio.	19.1±0.3	^{b}18.8±0.1	^{a}17.9±1.1	^{bc}20.4±0.1	^{ac}18.33±0.3

a: $p<0.05$ (Kontrol grubu ile karşılaştırma).
b: $p<0.05$ (Bioalletrin grubu ile karşılaştırma).
c: $p<0.05$ (Vit C+ bioalletrin grubu ile karşılaştırma).

MCH değerlerine göre bioalletrin grubunda 45. günde diğer üç gruba göre, 60 ve 90. günlerde kontrol ve Vit C+ bioalletrin grubuna göre, 75. günde ise kontrol ve Vit E+ selenyum+ bio. grubuna göre önemli bir azalma ($p<0.05$) bulunmuştur. Ayrıca Vit E+ selenyum+ bio. grubunun 60 ve 90. günde kontrol, 75 ve 90. günde Vit C+ bioalletrin grubu ile arasındaki fark istatistiksel olarak önemlidir ($p<0.05$).

Çizelge 20. Gruplara ait MCHC (g/dL) değerleri (ortalama ± standart hata)

GRUP	30. Gün	45. Gün	60. Gün	75. Gün	90. Gün
Kontrol	32.5±0.2	33.4±0.1	33.5±0.2	33.2±0.4	36±0.3
Bioalletrin	32.2±0.1	[a]32.7±0.5	33.2±0.1	33.0±0.2	[a]33.7±0.2
Vit C+ bio.	32.8±0.1	33.3±0.1	33.8±0.1	33.5±0.2	[ab]34.5±0.2
Vit E+ selenyum + bio.	[c]32.0±0.5	33.0±0.1	33.3±0.5	[abc]34.8±0.2	[a]34 ±0.3

a: p<0.05 (Kontrol grubu ile karşılaştırma).
b: p<0.05 (Bioalletrin grubu ile karşılaştırma).
c: p<0.05 (Vit C+ bioalletrin grubu ile karşılaştırma).

MCHC değerlerinde, 90. günde her üç grupta kontrol grubuna göre azalma varken, bu azalma bioalletrin grubunda 45. günde de görülmüştür. Vit E+ selenyum+ bio. grubunda ise 30. günde sadece Vit C+ bioalletrin grubuna göre bir azalma varken 75. günde diğer üç gruba göre bir istatistiksel olarak önemli ($p<0.05$) bir artış bulunmuştur. Ayrıca 90. günde Vit C+ bioalletrin grubu ile bioalletrin grubu arasında istatistiksel olarak önemli ($p<0.05$) bir fark vardır.

Çizelge 21. Gruplara ait RDW (%) değerleri (ortalama ± standart hata)

GRUP	30. Gün	45. Gün	60. Gün	75. Gün	90. Gün
Kontrol	14.5±0.6	13.1±0.2	13.9±0.8	13.9±0.9	18±2.0
Bioalletrin	16.5±0.3	4.7±1.7	13.1±0.2	12.7±0.5	[a]11.1±0.8
Vit C+ bio.	[a]20.1±1.2	[ab]18.3±0.5	13.5±0.4	13.5±0	[a]13.6±0.3
Vit E+ selenyum + bio.	[c]15.4±1.9	[c]12.5±0.2	[abc]17.7±0.1	[abc]18.6±0.7	[a]11.5±0.2

a: p<0.05 (Kontrol grubu ile karşılaştırma).
b: p<0.05 (Bioalletrin grubu ile karşılaştırma).
c: p<0.05 (Vit C+ bioalletrin grubu ile karşılaştırma).

RDW değerinde, Vit C+ bioalletrin grubunda 30. günde kontrol ve Vit E+ selenyum+ bio. grubuna göre, 45. günde her üç gruba göre, Vit E+ selenyum+ bio. grubunda ise 60 ve 75. günlerde diğer üç gruba göre istatistiksel olarak önemli ($p<0.05$) bir artış varken, 90. günde her üç grupta kontrol grubuna göre yine istatistiksel olarak önemli ($p<0.05$) bir azalma görülmüştür.

Çizelge 22. Gruplara ait trombosit ($10^3/\mu L$) değerleri (ortalama ± standart hata)

GRUP	30. Gün	45. Gün	60. Gün	75. Gün	90. Gün
Kontrol	681±36	648±23	722±42	550±39	756±41
Bioalletrin	684±30	634±42	660±26	^{a}663±17	^{a}640±37
Vit C+ bio.	568±95	834±52	604±61	^{a}637±34	^{a}609±39
Vit E+ selenyum + bio.	515±124	^{c}575±102	587±125	632±18	^{a}587±27

a: $p<0.05$ (Kontrol grubu ile karşılaştırma).
b: $p<0.05$ (Bioalletrin grubu ile karşılaştırma).
c: $p<0.05$ (Vit C+ bioalletrin grubu ile karşılaştırma).

Trombosit sayısında, 75. günde bioalletrin ve Vit C+ bioalletrin grubunda kontrol grubuna göre artış, 90. günde ise her üç grupta kontrol grubuna göre istatistiksel olarak önemli bir ($p<0.05$) azalma bulunmuştur. 45 ve 90. günde Vit C+ bioalletrin grubunun trombosit sayısı kontrol ve bioalletrin grubuna göre istatistiksel olarak önemli olmayan ama Vit E+ selenyum+ bio. grubuna göre önemli ($p<0.05$) olan bir artış göstermiştir.

Çizelge 23. Gruplara ait pletekrit (fL) değerleri (ortalama ± standart hata)

GRUP	30. Gün	45. Gün	60. Gün	75. Gün	90. Gün
Kontrol	6.0±0.2	5.9±0.1	6.0±0.1	6.2±0.1	5.1±0.1
Bioalletrin	6.2±0.1	6.1±0.1	6.1±0.1	6.1±0.1	^{a}5.9±0.1
Vit C+ bio.	6.4±0.1	^{ab}7.3±0.5	5.8±0.1	^{b}6.5±0.1	^{b}5.1±0.1
Vit E+ selenyum+ bio.	^{a}6.5±0.2	^{c}6.3±0.3	^{c}6.2±0.1	^{abc}5.7±0.1	^{ac}6.1±0.1

a: $p<0.05$ (Kontrol grubu ile karşılaştırma).
b: $p<0.05$ (Bioalletrin grubu ile karşılaştırma).
c: $p<0.05$ (Vit C+ bioalletrin grubu ile karşılaştırma).

Pletekrit değerlerine göre bioalletrin grubunda, 45. ve 75. günlerde Vit C+ bioalletrin grubuna göre önemli ($p<0.05$) bir azalma, 90. günde ise kontrol ve Vit C+ bioalletrin grubuna göre önemli ($p<0.05$) bir artma gözlenmiştir. Ayrıca Vit E+ selenyum+ bio. grubunda 30. ve 90. günde kontrol grubuna göre artma, 45, 60 ve 90. günde Vit C+ bioalletrin grubuna göre artma, 75. günde ise her üç gruba göre istatistiksel olarak önemli ($p<0.05$) bir azalma bulunmuştur.

Çizelge 24. Gruplara ait lökosit ($10^3/\mu L$) değerleri (ortalama ± standart hata)

GRUP	30. Gün	45. Gün	60. Gün	75. Gün	90. Gün
Kontrol	2.52±0.24	3.42±0.16	4.24±0.42	4.03±0.50	1.86±0.66
Bioalletrin	^{a}3.72±0.10	5.47±3.60	7.22±0.72	^{a}9.43±1.32	^{a}6.40±1.72
Vit C+ bio.	^{b}2.84±0.19	5.45±0.57	5.63±1.00	^{b}5.44±0.67	^{a}5.24±0.52
Vit E+ selenyum+ bio.	^{b}2.43±0.29	4.74±0.29	7.53±3.55	^{b}4.14±0.38	^{b}3.41±0.47

a: $p<0.05$ (Kontrol grubu ile karşılaştırma).
b: $p<0.05$ (Bioalletrin grubu ile karşılaştırma).
c: $p<0.05$ (Vit C+ bioalletrin grubu ile karşılaştırma).

Lökosit sayısı değerlerinde 30, 75 ve 90. günlerde bioalletrin grubunda kontrol ve Vit E+ selenyum+ bio. grubuna göre istatistiksel olarak önemli ($p<0.05$), 45 ve 60. günlerde ise istatistiksel olarak önemli olmayan bir artış gözlenmiştir. Yine 30 ve 75. günde Vit C+ bioalletrin grubunun bioalletrin grubuyla, 90. günde ise kontrol grubu ile arasındaki fark istatistiksel olarak önemlidir ($p<0.05$).

Çizelge 25. Gruplara ait lenfosit yüzdesi (%) değerleri (ortalama ± standart hata)

GRUP	30. Gün	45. Gün	60. Gün	75. Gün	90. Gün
Kontrol	72.3±3.1	87.3±1.7	93±0.6	93.2±0.5	82.1±4.0
Bioalletrin	^{a}92.1±1.1	85.3±4.6	91.1±0.6	^{a}89.2±1.2	^{a}92.4±1.4
Vit C+ bio.	^{ab}81.7±2.3	87.1±0.6	^{a}87.1±0.8	91.6±1.4	^{b}82.2±3.6
Vit E+ selenyum + bio.	^{ac}89.3±1.2	^{abc}94.0±0.3	^{ab}82.7±4.7	^{b}94.3±1.3	^{ac}94.1±0.5

a: $p<0.05$ (Kontrol grubu ile karşılaştırma).
b: $p<0.05$ (Bioalletrin grubu ile karşılaştırma).
c: $p<0.05$ (Vit C+ bioalletrin grubu ile karşılaştırma).

Lenfosit yüzdesi değerleri bioalletrin grubunda 30 ve 90. günde, Vit C+ bioalletrin grubunda 30. günde kontrol grubuna göre, Vit E+ selenyum+ bio. grubunda ise 30 ve 90. günlerde kontrol ve Vit C+ bioalletrin grubuna göre, 45. günde diğer üç gruba göre istatistiksel olarak önemli ($p<0.05$) bir artma varken, 75. günde bioalletrin grubunda kontrol ve Vit E+ selenyum+ bio. grubuna göre, 60. günde Vit C+ bioalletrin grubunda kontrol grubuna göre, yine 60. günde Vit E+ selenyum+ bio. grubunda kontrol ve bioalletrin grubuna göre istatistiksel olarak önemli ($p<0.05$) bir azalma bulunmuştur.

Çizelge 26. Gruplara ait monosit yüzdesi (%) değerleri (ortalama ± standart hata)

GRUP	30. Gün	45. Gün	60. Gün	75. Gün	90. Gün
Kontrol	1.29±0.12	1.07±0.04	1.03±0.01	1.03±0.02	1.02±0.2
Bioalletrin	1.10±0.06	[a]1.37±0.17	1.20±0.03	[a]1.34±0.09	[a]1.33±0.07
Vit C+ bio.	1.06±0.02	1.20±0.04	[a]1.37±0.03	1.11±0.04	[b]1.03±0.01
Vit E+ selenyum + bio.	1.31±0.1	[b]1.03±0.012	[abc]1.79±0.37	[ac]1.41±0.16	[b]1.06±0.03

a: $p<0.05$ (Kontrol grubu ile karşılaştırma).
b: $p<0.05$ (Bioalletrin grubu ile karşılaştırma).
c: $p<0.05$ (Vit C+ bioalletrin grubu ile karşılaştırma).

Monosit yüzdesi değerleri, bioalletrin grubunda 45 ve 75. günlerde kontrol grubuna göre, 90. günde her üç gruba göre, Vit C+ bioalletrin grubunda ise 60. günde kontrol grubuna göre istatistiksel olarak önemli ($p<0.05$) bir artış göstermiştir. Ayrıca Vit E+ selenyum+ bio. grubunda 45. günde bioalletrin grubuna göre istatistiksel olarak önemli ($p<0.05$) azalma, 60. günde her üç gruba göre, 75. günde ise kontrol ve Vit C+ bioalletrin grubuna göre önemli ($p<0.05$) bir artış gözlenmiştir.

Çizelge 27. Gruplara ait nötrofil yüzdesi (%) değerleri (ortalama ± standart hata)

GRUP	30. Gün	45. Gün	60. Gün	75. Gün	90. Gün
Kontrol	15±2.5	12±1.7	6.1±0.6	5.8±0.5	15.5±3.9
Bioalletrin	[a]7.03±1.1	13±3.9	7.5±0.6	[a]8.3±0.9	[a]6.1±1.1
Vit C+ bio.	[b]17±2.1	11.3±0.7	[a]11±0.8	6.7±1.3	[b]17±3.5
Vit E+ selenyum+bio.	[ac]9.3±1.0	[abc]5.1±0.3	[ab]13±3.5	[b]5.7±1.2	[ac]6.9±0.4

a: $p<0.05$ (Kontrol grubu ile karşılaştırma).
b: $p<0.05$ (Bioalletrin grubu ile karşılaştırma).
c: $p<0.05$ (Vit C+ bioalletrin grubu ile karşılaştırma).

Nötrofil yüzdesi değerleri, 30. günde bioalletrin ve Vit E+ selenyum+ bio. grubunda kontrol ve Vit C+ bioalletrin grubuna göre azalırken, yine bioalletrin grubunda kontrol grubuna göre 75. günde arttığı, 90. günde ise kontrol ve Vit C+ bioalletrin grubuna göre istatistiksel olarak ($p<0.05$) azaldığı görülmüştür. Vit C+ bioalletrin grubunda 60. günde kontrol grubuna göre artma vardır. 45. günde Vit E+ selenyum+ bio. grubunun nötrofil yüzdesinde diğer gruplara göre azalma, 60. günde ise kontrol ve bioalletrin grubuna göre artma, 90. günde kontrol ve Vit C+

bioalletrin grubuna göre istatistiksel olarak önemli ($p<0.05$) bir azalma bulunmuştur.

Çizelge 28. Gruplara ait eozinofil yüzdesi (%) değerleri (ortalama ± standart hata)

GRUP	30. Gün	45. Gün	60. Gün	75. Gün	90. Gün
Kontrol	1.06±0.04	1.03±0.01	1.02±0.01	1.03±0.01	1.03±0.02
Bioalletrin	1.02±0.02	1.02±0.02	1.00±0	1.00±0	1.02±0.01
Vit C+ bio.	1.08±0.03	1.01±0.01	1.02±0.01	1.05±0.02	[ab]1.25±0.06
Vit E+ selenyum+ bio.	1.07±0.01	1.01±0.01	1.10±0.10	[ab]1.13±0.06	[c]1.02±0.01

a: $p<0.05$ (Kontrol grubu ile karşılaştırma).
b: $p<0.05$ (Bioalletrin grubu ile karşılaştırma).
c: $p<0.05$ (Vit C+ bioalletrin grubu ile karşılaştırma).

Eozinofil yüzdesi değerleri, Vit C+ bioalletrin grubunda 90. günde diğer gruplara göre, Vit E+ selenyum+ bio. grubunda ise 75. günde kontrol ve bioalletrin gruplarına göre istatistiksel olarak önemli ($p<0.05$) bir artış göstermiştir.

Çizelge 29. Gruplara ait bazofil yüzdesi (%) değerleri (ortalama ± standart hata)

GRUP	30. Gün	45. Gün	60. Gün	75. Gün	90. Gün
Kontrol	1.6±0.4	0.7±0.1	0.7±0.1	0.9±0.1	0.3±0.1
Bioalletrin	[a]0.6±0.1	0.9±0.2	1.0±0.1	[a]1.7±0.1	[a]1.1±0.2
Vit C+ bio.	[a]0.7±0.1	[a]1.2±0.1	1.1±0.1	1.3±0.1	[b]0.2 ±0.18
Vit E+ selenyum+ bio.	[a]0.5±0.05	[c]0.8±0.1	[abc]1.8±0.4	[b]0.7±0.5	[ac]0.9±0.2

a: $p<0.05$ (Kontrol grubu ile karşılaştırma).
b: $p<0.05$ (Bioalletrin grubu ile karşılaştırma).
c: $p<0.05$ (Vit C+ bioalletrin grubu ile karşılaştırma).

Bazofil yüzdesi değerlerine göre 30. günde kontrol grubuna göre diğer gruplarda önemli bir azalma varken, 75 ve 90. günlerde bioalletrin grubunda, 45. günde Vit C+ bioalletrin grubunda kontrol grubuna göre istatistiksel olarak önemli bir artış saptanmıştır ($p<0.05$). Vit E+ selenyum+ bio. grubunda, 45. günde Vit C+ bioalletrin grubuna göre ve 75. günde bioalletrin grubuna göre azalma, 60. günde her üç gruba, 90. günde ise kontrol ve Vit C+ bioalletrin grubuna göre istatistiksel olarak önemli ($p<0.05$) bir artış vardır.

4.4. Histopatolojik Bulgular

4.4.1. Beyin dokusuna ait bulgular

Kontrol grubu: Tüm yapılar doğal görünümdeydi.

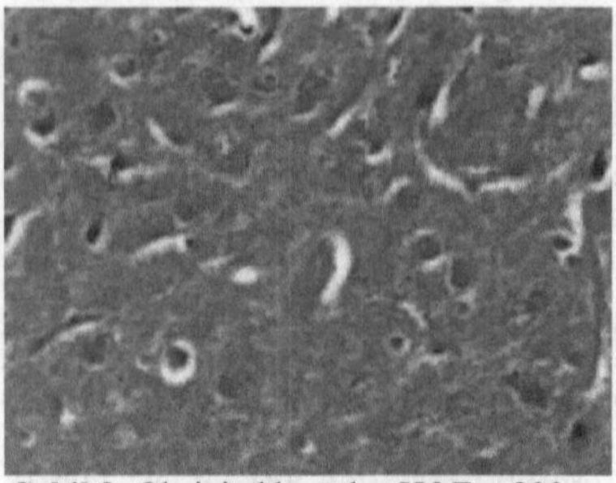

Şekil 3. Oksipital korteks, H&E, x800

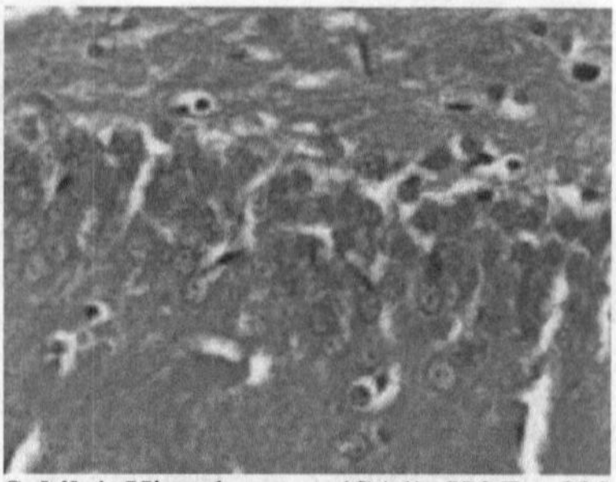

Şekil 4. Hippokampus (CA1), H&E, x800

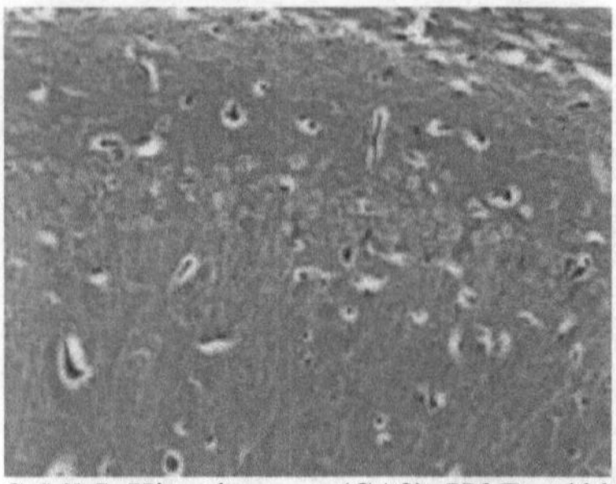

Şekil 5. Hippokampus (CA2), H&E, x400

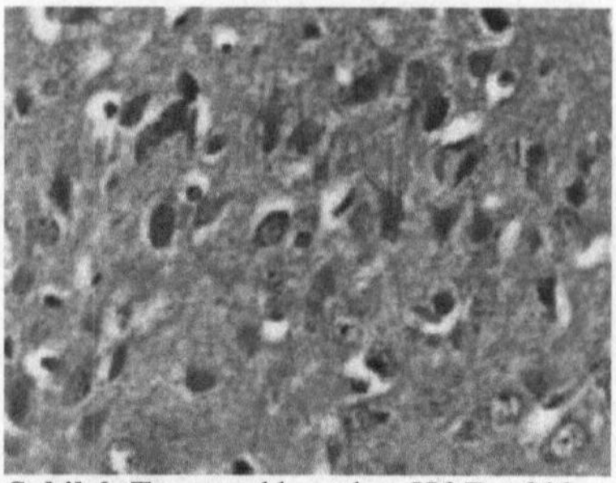

Şekil 6. Temporal korteks, H&E, x800

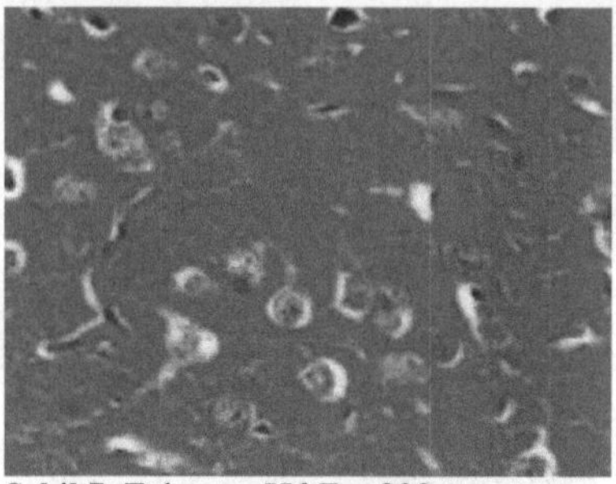

Şekil 7. Talamus, H&E, x800

Bioalletrin grubu:

a) Bioalletrin grubu 1 numaralı deneğe ait bulgular: Dentate gyrus, hippokampusun CA2 bölgesi, arkuat nukleusta ve priform kortekste fokal bazofilik nöronlar ile nöronofajik odaklar mevcuttu. Talamusta daha belirgin olmak üzere çoğu nöron ve glia hücrelerinde çekirdeklerin genişlediği hatta birçoğunda hidropik nüklear şişkinlik olduğu gözlendi. Çekirdekteki bu tip hidropik değişiklikler, çekirdek merkezinin bulanık görünümü ile marginal hiperkromazi ve nükleolusun kenara itilmesi şeklinde karakterize edildi. Çok az hücrenin çekirdek membranında perforasyon gözlendi. Benzer bulgular az olarak serebellar nükleuslarda ve beyin steminde de dikkati çekti. Talamusta az sayıda bazofilik nöronlar ve tek tük nöronofajik odaklar vardı. Virchow-Robin boşlukları hafif genişlemişti.

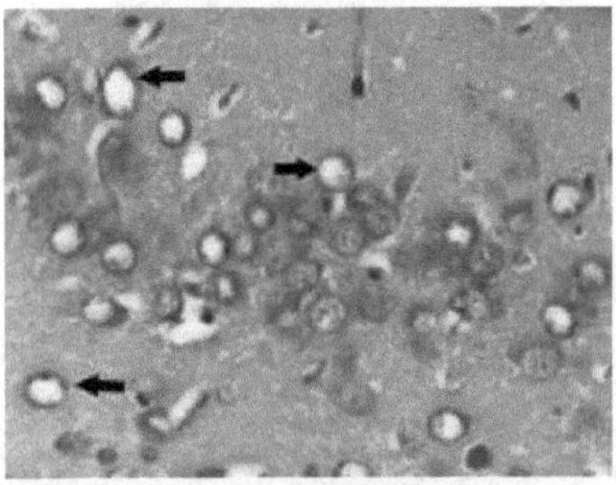

Şekil 8. Hippokampus (CA2), nüklear şişkinlik (→), H&E, x800

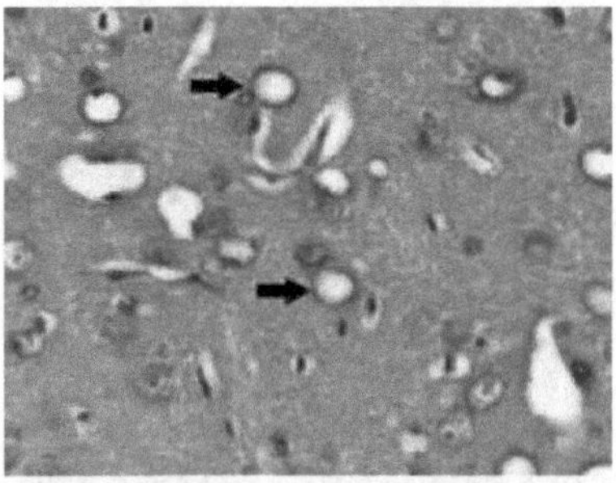

Şekil 9. Talamus, nüklear şişkinlik (→), H&E, x800

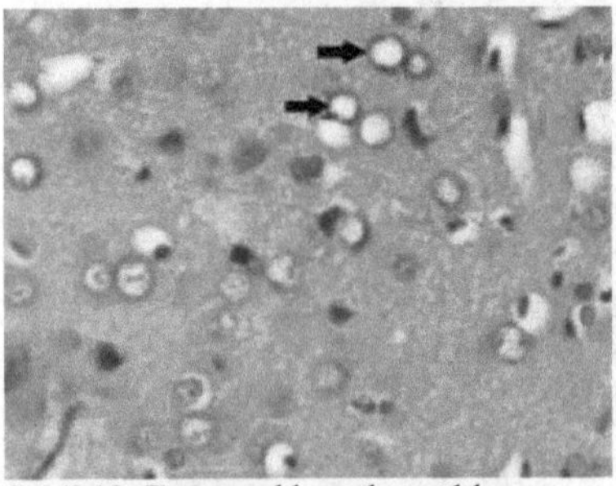

Şekil 10. Temporal korteks, nüklear şişkinlik (→),H&E, x400

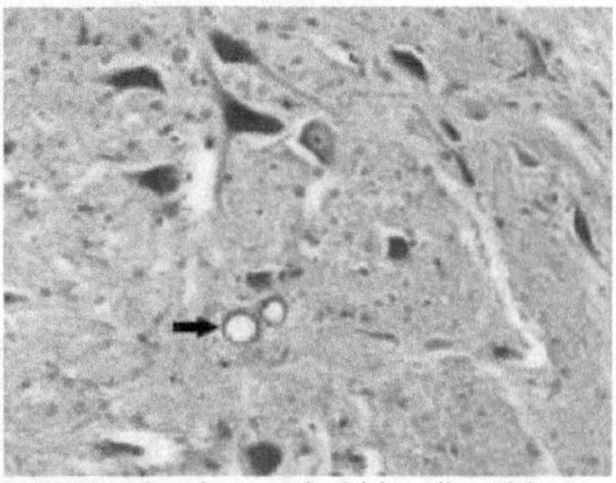

Şekil 11. Beyin stemi, hidropik nüklear şişkinlik (→), H&E, x400

b) Bioalletrin grubu 2 numaralı deneğe ait bulgular: Talamusta az sayıda ve tek tük nöronofajik odaklar görüldü. Kortikal bölgelerde, hippokampusun bazı bölümlerinde, dentate gyrusta, talamusta hidropik nüklear şişkinlik gözlendi. Bu değişiklikler 1 numaralı deneğe göre daha hafifti.

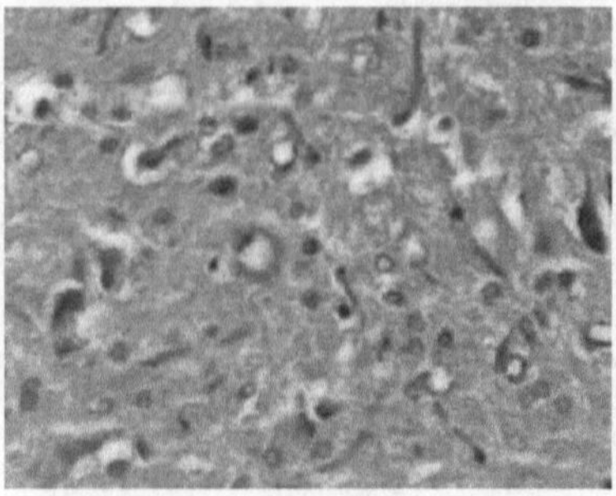

Şekil 12. Nüklear marjinasyon , H&E, x800

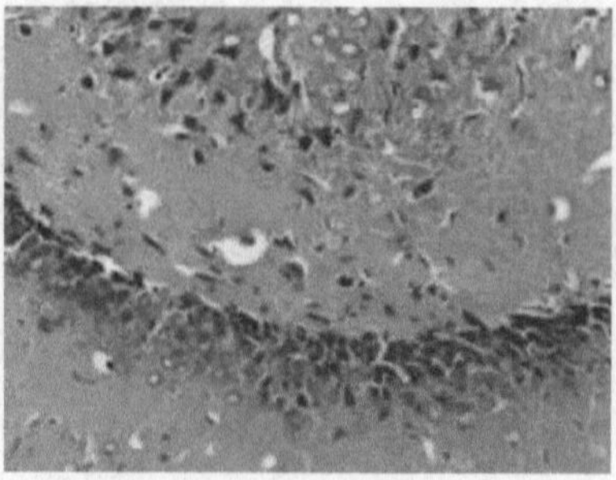

Şekil 13. Hippotalamus (CA4) ve dent. nükleus, bazofilik nöronlar, H&E, x400

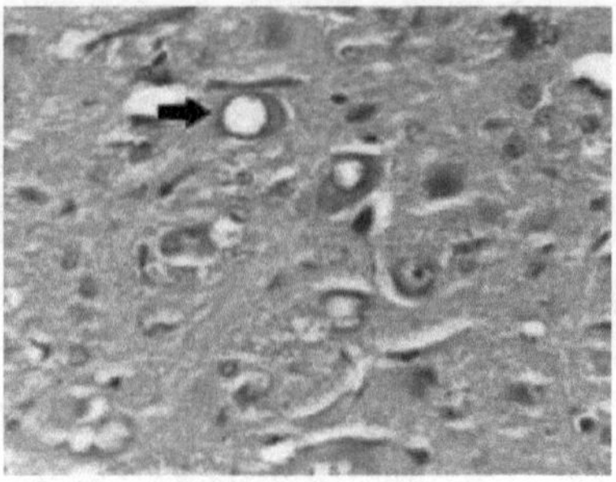

Şekil 14. Nüklear marjinasyon (→), H&E, x800

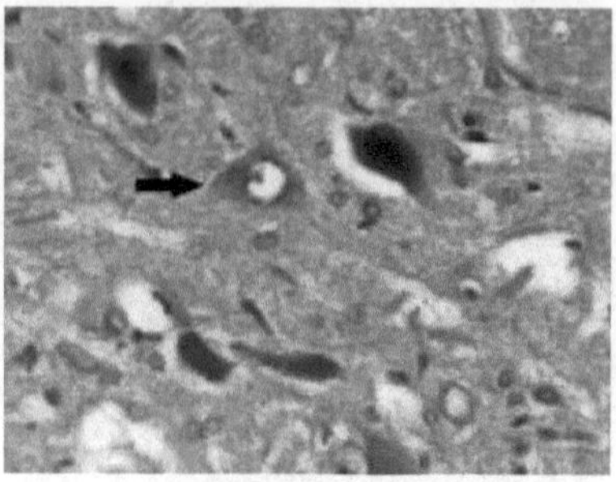

Şekil 15. Beyin stemi, nüklear şişkinlik (→), H&E, x800

c) Bioalletrin grubu 3 numaralı deneğe ait bulgular: 1 numaralı denek ile benzer bulgular gözlendi.

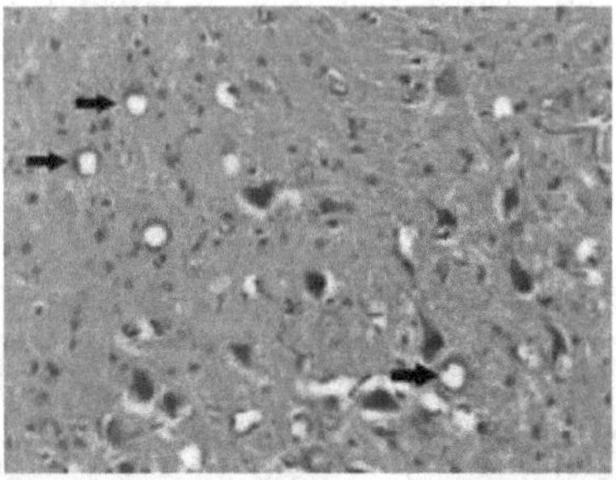

Şekil 16. Serebellar nükleus, nüklear şişkinlik (→), H&E, x400

d) Bioalletrin grubu 4 ve 5 numaralı deneğe ait bulgular: 1 ve 3 numaralı deneğe göre daha hafif olmak üzere hidropik nüklear şişkinlik ile priform lobda ve oksipital kortekste hafif nöronal kondensesyon gözlendi. 5 numaralı denekte, 4 ve 2 numaralı denekler ile benzer bulgular görülmüştür.

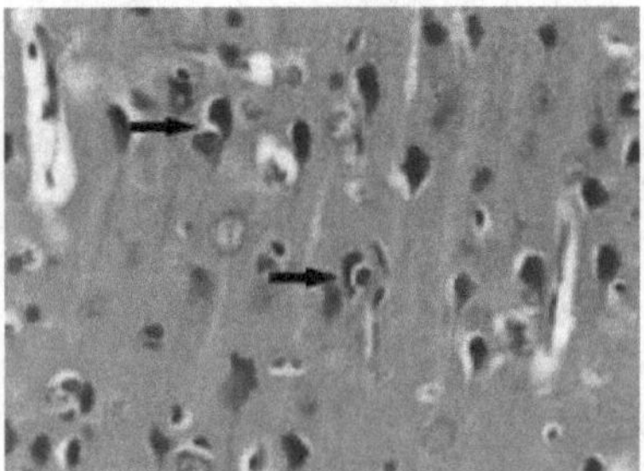

Şekil 17. Oksipital korteks, nöronofaji (→), H&E, x800

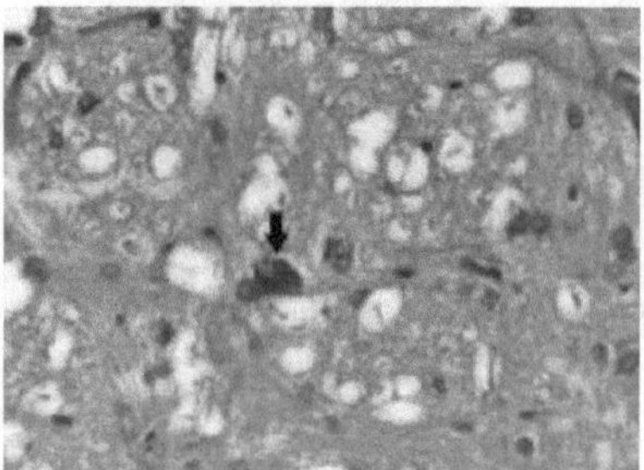

Şekil 18. Beyin stemi-retiküler formasyonda nöronofaji (↓), H&E, x800

Vit C+ bialletrin grubuna ait bulgular: Bir numaralı denekte beyinde çoğu alanda belirgin nöron konsendasyonu ile hidropik nüklear şişkinlik mevcuttu. 2 numaralı denekte, 1 numaralı denekten az olarak ve talamusta belirgin olmak üzere, glial ev nöronal hidropik nüklear şişkinlik ile nöronlarda bazofili gözlendi. 3 numaralı denekte merkezi sinir sistemine ilişkin bulgu gözlenmedi. 4 numaralı denekte Talamusta, kortikal bölgede, cerebellar nükleuslarda ve beyin steminde çok hafif olmak üzere nöronal ve glial bazofili ile nüklear genişleme ve hidropik şişkinlik belirlendi. 5 numaralı denekte 4 numaralı deneğe benzer bulgular gösterdi.

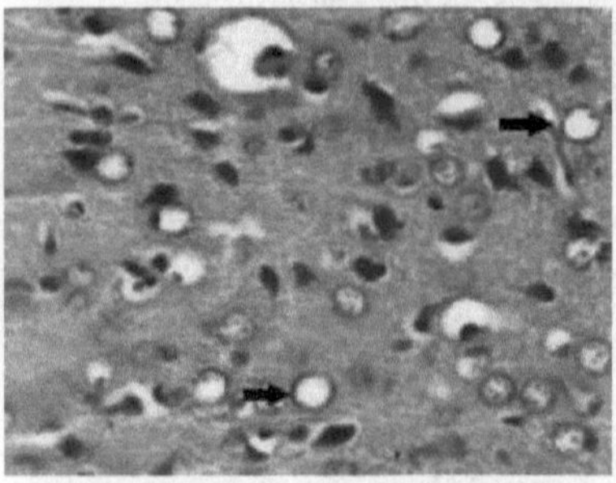

Şekil 19. Subkorteks, nüklear şişkinlik (→), H&E, x800

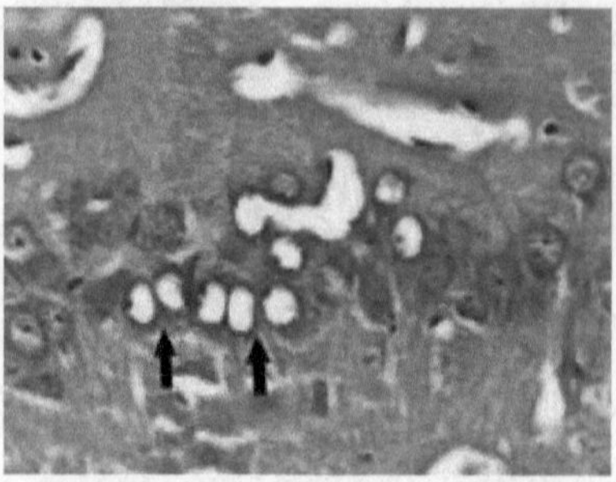

Şekil 20. Hippokampus (CA3), nüklear şişkinlik (↑), H&E, x800

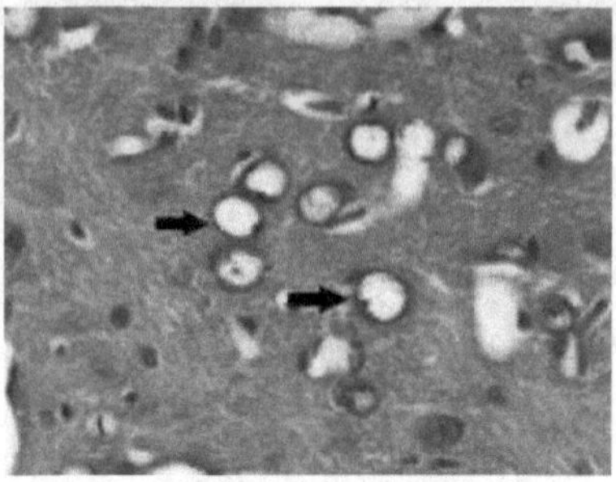

Şekil 21. Talamus, nüklear şişkinlik (→), H&E, x800

Vit E+ selenyum+ bio. grubuna ait bulgular: Genel olarak talamus ve diğer bölgelerde hafif olarak hidropik nöronal şişkinlik ve nöronal bazofili gözlendi. Ayrıca 5 numaralı denekte, serebellar nukleuslarda (IV. ventrikül tabanında) nöronofajik odaklar dikkati çekti.

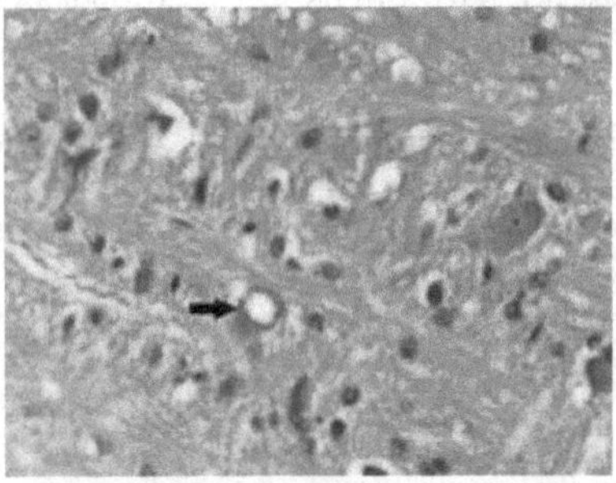

Şekil 22. Beyin stemi, nüklear şişkinlik, H&E, x800

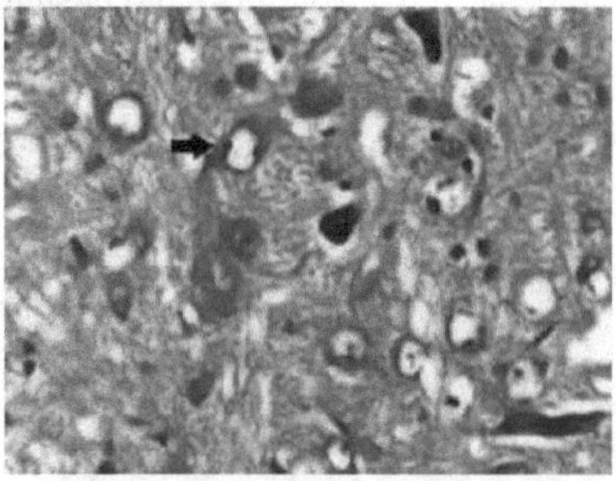

Şekil 23. Serebellumun subtantia alba kısmı, nüklear şişkinlik (→), H&E, x800

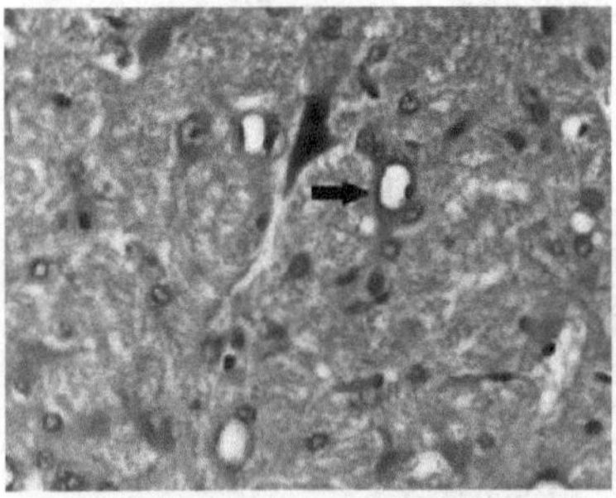

Şekil 24. Talamus, nüklear şişkinlik (→), H&E, x800

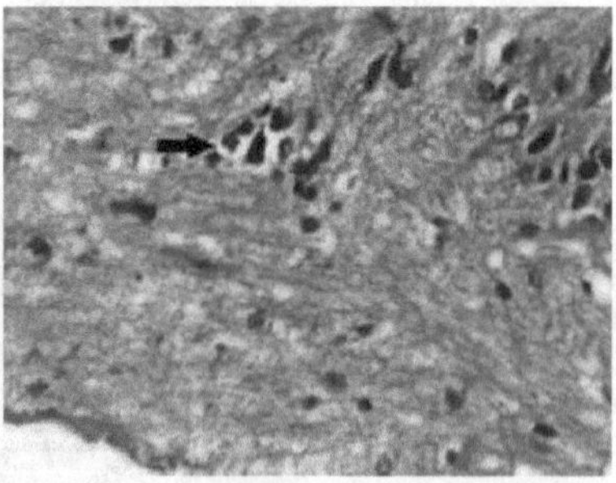

Şekil 25. IV ventrikül tabanı, nöronofaji (→), H&E, x800

4.4.2. Karaciğer dokusuna ait bulgular

Kontrol grubu: Tüm yapılar doğal görünümdeydi.

Bioalletrin grubu: Karaciğerde kupffer hücre artışı yanında aralarında nötrofil lökositlerinde olduğu fokal mononüklear hücre infiltrasyonları gözlendi. Ayrıca karaciğerde hafif dejeneratif değişiklikler ile dalakta lenfoid folliküllerde germinal merkez oluşumu dikkati çekti.

Vit C+ bialletrin grubuna ait bulgular: Gruptaki iki denekte karaciğerde fokal mononüklear hücre infiltrasyonu, iki denekte de kupffer hücre aktivasyonu gözlendi.

Vit E+ selenyum+ bio. grubuna ait bulgular: Bu grupta sadece iki denekte karaciğerde az sayıda mononüklear hücre infiltrasyonları ve sadece bir denekte dejeneratif değişiklikler görüldü.

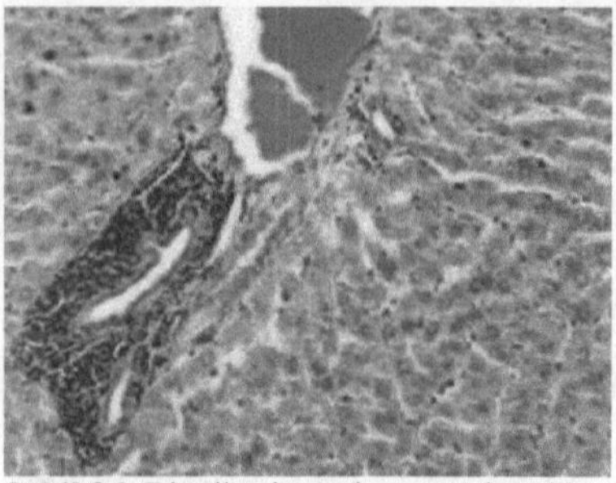

Şekil 26. Bioalletrin grubu, portal aralıkta kupffer hücre artışı ve dejenerasyon, H&E, x400

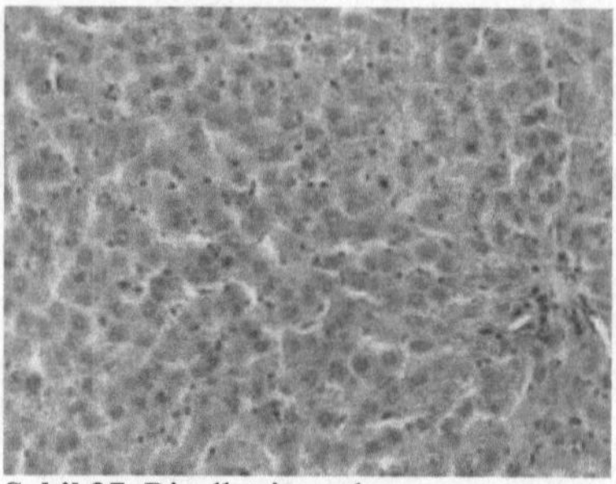

Şekil 27. Bioalletrin grubu, fokal mononüklear hücre inf., H&E, x400

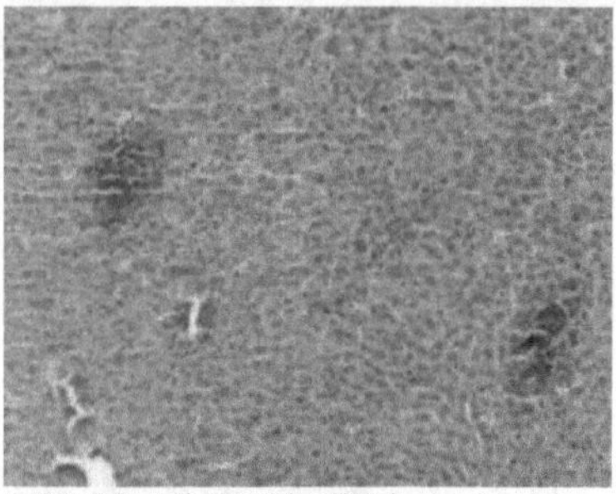

Şekil 28. Vit C+ bioalletrin grubu, fokal mononüklear hücre inf., H&E, x200

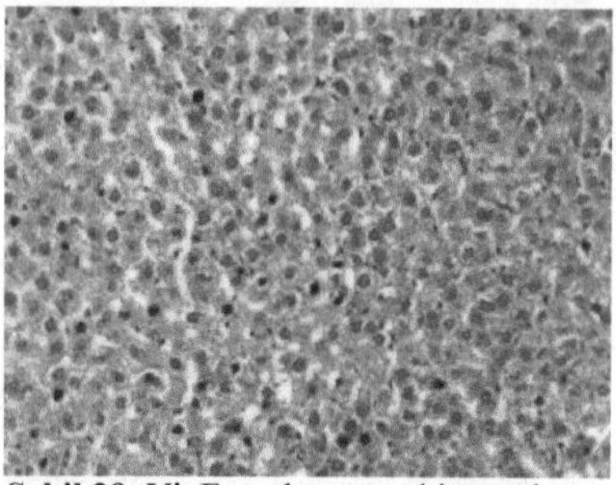

Şekil 29. Vit E+ selenyum+ bio. grubu, dejeneratif değişiklikler, H&E, x200

4.5. Sivrisinek Kovucu Tablette Bioalletrin Analizinin Sonuçları

GC ile analizi yapılan Spiramat isimli preparatta etken madde olan bioalletrin miktarı % 4.2 olarak hesaplanmıştır. Sıçanlar günde 8 saat olmak üzere üç ay boyunca 23 m^3'lük odada bioalletrine maruz kalmışlardır.

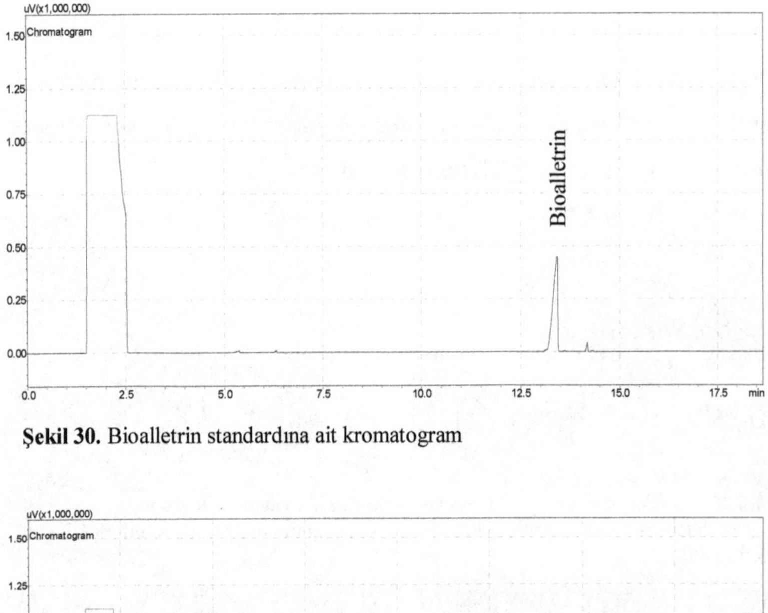

Şekil 30. Bioalletrin standardına ait kromatogram

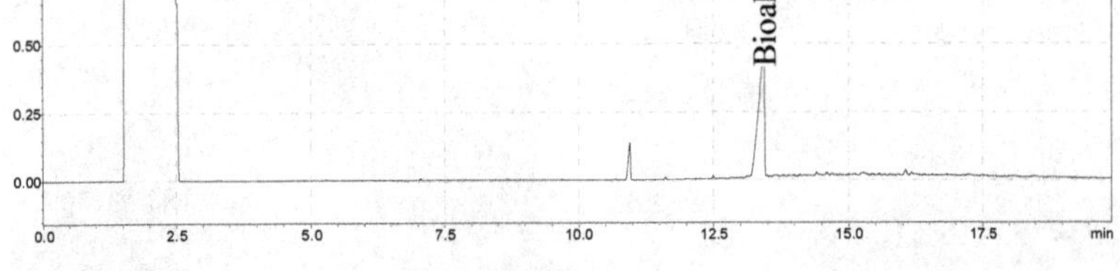

Şekil 31. Analizi yapılan bioalletrin preperatına (Spiromat) ait kromatogram

5. Tartışma ve Sonuç

Gerek günlük yaşantımızda evlerde, gerekse tarımda ve endüstride artan gereksinimlere paralel olarak birçok kimyasal madde üretilmekte ve kullanılmaktadır. Bu kimyasal maddeler, bugünkü çağdaş yaşamın vazgeçilmezleridir. Ancak bunların faydaları yanında, çeşitli nedenler ile ya doğrudan maruz kalarak ya da kullanımları sonucu çevreye yayılarak insanlara ve tüm ekosisteme zarar vermeleri de söz konusudur.

Günümüzde piretroid içerikli sivrisinek kovucular, oldukça etkili ve çevrede birikme riski düşük olmaları nedeniyle evlerde sivrisineklerden korunmak için çok fazla kullanılmaktadır. İnsan ve çevre sağlığı açısından güvenli olarak kabul edilen bu insektisitlerin, uzun süreli kullanımı sonucu organizmada bazı değişikliklere yol açtığı bilinmektedir. İnsanları rahatsız eden ve bazı hastalıkların yayılmasında taşıyıcı olan sivrisineklerin aktif olduğu yaz mevsiminde kullanılan sivrisinek kovucuları (mat), günde ortalama 12 saat boyunca ortama bioalletrin gibi insektisid madde salımı sağlarlar. Ortam sürekli olarak havalandırıldığı zaman akut toksik etkileri görülmez. Fakat özellikle çocuklarda uzun süre kullanıma bağlı olarak başta sinir sistemi, immün sistem, hormonal sistem, üreme sistemi ve karaciğer üzerine kronik toksik etkilerinin bulunduğu bilinmektedir.

Piretroidlerin metabolizmasının serbest radikal oluşumuna yol açtığı (Kale ve ark., 1999a) ve özellikle gelişme dönemi boyunca maruz kalan kullanıcılarda olumsuz etkilerinin olabileceği (Krieger ve ark., 2003; Liu ve Wong, 1987) bildirilmiştir. Uzun süre sivrisinek kovuculara maruz kalmak, korneal hasar, nefes darlığı, astım ve karaciğer hasarı gibi diğer zararlı belirtiler yanında, maruz kalan bebeklerde merkezi sinir sistemi toksisitesini gösteren konvülsiyonlara neden olabilir (Briassoulis ve ark.,

2001; Liu ve Sun, 1988; Sudakin ve Trevathan, 2003). Hatta sentetik piretroid içeren sivrisinek kovucular, insanlarda kansere yol açabilir (Krieger ve ark., 2003). Ayrıca piretroid içerikli sivrisinek kovucularda piretroidlerin etki, stabilite ve dayanıklılığını arttırmak için formülasyona katılan piperonil butoksid gibi maddeler de, piretroidlerin olumsuz etkilerine katkıda bulunmaktadır. Aktif bileşiminde alletrin gibi piretroidler bulunan sivrisinek kovuculara uzun süre maruz kalan yeni doğan bebeklerin, gebelerin ve süt veren annelerin, bunların toksik etkisine daha duyarlı oldukları gösterilmiştir (Sharma, 2001).

Organizmada normal fizyolojik şartlarda veya herhangi bir patolojik olay sonucunda oluşan serbest radikaller ile bunların koruyucusu olan antioksidan savunma sistemi arasındaki dengenin serbest radikaller lehine kayması oksidatif stresi gösterir. Gelişmekte olan teknoloji, oluşan çevre kirliliği, sigara, UV ışınları ve pek çok diğer etkenler çeşitli toksik maddelerle sürekli olarak karşı karşıya kalmamıza neden olmaktadır. Bu etkiler kendini serbest radikal oluşumuyla gösterir. Tüm bu nedenlerden dolayı dış etkilerle oluşan hastalıklar artmakta, genetik hastalıkların da çevresel etkilerle daha çok belirginleştiği görülmektedir. Bu hastalıklara çözüm getirmek, öncelikle bu hastalıkların oluşumunu engellemekle gerçekleşebilir. Bunun için de ilaçlardan öte alınan besinler önem kazanmaktadır. Serbest radikallerin etkilerini önleyen ve diyetimizde sıkça bulunması gereken Vit C ve E, kanser ve kalp hastalıkları gibi toplumda erken ölümlerin başlıca nedenleri olan hastalıkların oluşumunu önlemektedir. Besinlerin dışında dışarıdan yapılacak takviyelerin de yararlı olduğu yapılan doz tesbit çalışmalarıyla anlaşılmıştır (Gümrükçüoğlu, 2008).

5.1. Nörofarmakolojik Testlerin Değerlendirilmesi

Open field testi: Bu test, lokomotor aktivitenin değerlendirilmesi ve dolaylı olarak da normal anksiyetenin ölçümünde kullanılmaktadır (Prut ve Belzung, 2003; Lieben ve ark., 2004). İlk olarak 1936 yılında hayvanların emosyonel durumlarını test etmek için Hall (1936) tarafından daire tabanlı olanı tanımlanmıştır. Daha sonra 1971 yılında Soubrie (1971) kare şeklinde olanını geliştirmiştir. Günümüzde de hayvan nörofizyolojisinde kullanılan en popüler testlerden biridir. Yapılan çalışmalara göre, fare / sıçanlar yeni bir çevreye ilk girdiklerinde, eğer girdikleri alan korunmasız bir bölge ise, kaçma eğilimi gösterirler. Deneyin başlangıcında tipik olarak çevreyi araştırmaya duvar kenarı boyunca başlarlar ve açık alana çıkmaktan kaçınırlar. Çünkü açık ve geniş ortam kemirgenlerde sıkıntı yaratan bir durumdur. Bu süre içerisinde hayvanın horizontal düzlemdeki hareketleri (bir kareden diğerine geçiş), vertikal düzlemdeki hareketleri (arka ekstremiteleri üzerinde yükselme) ve defekasyon sayısı tespit edilir. Lokomotor aktivite çizgi geçme sayısı ile, çevreyi keşfetme davranışı ise arka ekstremiteleri üzerinde yükselme sayısıyla doğru orantılıdır. Alıştığı ortamın dışına alınan hayvan alanın ortasına gitmekten kaçınacak, daha az hareket edecektir. Defekasyon sayısı da otonom fonksiyonların göstergesi sayılır (Prut ve Belzung, 2003).

Gelişen beyin, doymamış yağ asitlerince zengindir (Burdge ve Postle, 1995; Clandinin, 1999) ve üstelik düşük antioksidan savunma kapasitesine sahiptir (Tuppo ve Forman, 2001), dolayısıyla oksidatif strese daha duyarlıdır. Gelişmenin değişik basamakları boyunca sivrisinek kovuculara maruz kalma, mikromoleküler düzeyde kan-beyin bariyerinin hasarına yol açabildiği için, piretroidler bu dönemlerde sinir sistemine oldukça kolay girebilirler (Sinha ve ark., 2004). Ayrıca sivrisinek kovuculara maruz kalma, gelişmenin bütün dönemlerini (prenatal, postnatal, perinatal) etkileyebilir ve öğrenme, hafıza ve lokomotor aktivite gibi önemli fonksiyonları düzenlenmesinden sorumlu olan hippokampüs, serebellum, korpus striatum ve frontal korteks gibi beynin dört büyük bölgesi üzerinde oksidatif stres oluşturur. Sonuçta oluşan oksidatif stres beyinde bazı hasarlara ve davranış değişikliklerine neden olur (Gupta ve ark., 1999b).

Bu çalışmada, open field testi sonuçlarına göre bioalletrin inhalasyonu bioalletrin ve Vit C+ bioalletrin grubunda lokomotor ve genel hareket aktivitesinde 45 ve 60. günlerde, rearing hareketinde ise 60. günde istatistiksel olarak önemli olmayan, 75 ve 90. günlerde ise istatiksel olarak önemli bir artışa yol açmıştır. Vit E+ selenyum uygulamasının ise bioalletrinin neden olduğu hareket sayısındaki artışı önlemede etkili olduğu gözlenmiştir. Bioalletrin grubu ve Vit C+ bioalletrin grubunda 75 ve 90. günlerde tespit edilen motor hareketlerdeki artış, bioalletrinin neden olduğu histopatolojik olarak ta tespit edilen beyin hasarı, oksidatif stres ve sinirsel iletimde rol oynayan mediyatörler, özellikle de dopamin seviyesindeki değişiklik nedeniyle oluşabilir. Çünkü piretroidler, striatal dopamin fonksiyonunu azaltırlar (Pittman ve ark., 2003) ve sıçanlarda anksiyete benzeri davranışlara yol açarlar (Righi and Palermo-Neto, 2003). Dopamin, motor sistemin kontrolünde yer alan ve merkezi sinir sistemindeki katekolaminlerin büyük bir kısmını oluşturan en önemli nörotransmiterlerdendir. Araştırmacılar dopaminerjik sistemin hipofonksiyonunu, en önemli hiperaktivite nedenlerinden biri olarak görmektedir (Johansen ve ark., 2002; Sagvolden ve ark., 2005). Genetik faktörlerin yanında çevresel etkenlerin de nörokimyasal bozukluğa yol açabildiği, nörobiyoloji ve psikiyatri çalışmaları sonucu ortaya çıkmıştır. Ancak bu çalışmada tespit edilen davranış değişikliklerinin, dopamin düzeyindeki değişiklikle ilişkili olduğunu kesin olarak söyleyebilmek için, ayrı bir çalışma yapılması gerekmektedir.

Sinir sistemi, doğum öncesi dönemden başlayarak genç erişkin yaşa kadar yapısal ve işlevsel olarak gelişmeye devam eder. Bu süreçte beynin dış yapısı, içerdiği hücrelerin sayısı, hücreler arası bağlantıların oluşturduğu sinir ağının yoğunluğu, hücreler arası iletişimi sağlayan kimyasal ve elektriksel salınımların derecesi rol oynar. Bu aynı zamanda beyin lipitleri sentezinin ve protein turnoverlerinin en yüksek seviyede olduğu gelişme dönemidir (Lajtha ve Dunlop, 1981; Eriksson ve ark., 2002). Uzun zamandan beri, piretroid insektisitlere maruz kalmanın rodentlerde ve insan da dahil diğer canlı türlerinde sinirsel davranış değişikliklerine yol açabildiği (Eriksson ve Fredricksson, 1991; Ray ve Cremer, 1979; Shettgen ve ark., 2003) bilinmekteydi. Yapılan bazı çalışmalarda piretroid insektisitlerin, dopamin taşıyıcısının (DAT) up-regülasyonu ve buna bağlı olarak DAT'larının seviyesinde (Elwan ve ark., 2005) ve dopamin turnoverinde belirgin bir artışa (Brodie ve Opacka, 1985; Karen ve ark., 2001; Gillette ve Bloomquist 2003) yol açarak, dopaminerjik sistemi değiştirebildiği kaydedilmiştir. Dopaminin, DAT tarafından presinaptik hücreye geri alınımı, hücre dışı dopamin düzeylerini düzenler. DAT, dopamin sentez eden nöronlarda bulunduğu için dopaminerjik nöron yoğunluğunu gösteren özgül bir belirteçtir (Meisenzahl ve ark., 2007). Dopamin taşıyıcıları, presinaptik terminalden salınan dopaminin sinaptik boşluktan geri alınarak dopaminerjik sinyalin sonlandırılmasında çok önemli rol oynarlar. Böylelikle dopaminerjik yanıtın kuvveti ve süresi belirlenmiş olur. Ayrıca bir bölgedeki dopamin reseptörlerinin ne düzeyde bloke edildiğinin önemli göstergelerinden biri de, o bölgedeki dopamin turnoveridir. Dopamin turnoveri ne ölçüde artmışsa, reseptör blokajı da o ölçüde olmuştur.

Bazı çalışmalarda, hem düşük dozda deltametrine (Lazarini ve ark., 2001) hem de bioalletrine (Shafer ve ark., 2005) prenatal olarak maruz kaldıktan sonra, deltametrin ve bioalletrinin yetişkinlikte striatumda bir dopamin metaboliti olan DOPAC seviyesinde artışa yol açtığı ortaya çıkarılmıştır. Benzer şekilde alletrin, sipermetrin, fenvalerat ve permetrinin striatumdaki dopamin metabolitlerinin seviyesinin arttırdığı gözlenmiştir (Doherty ve ark., 1986). Bu piretroidler dopamin üzerindeki etkilerini, nigrostriatal dopaminerjik terminaller ya da GABA-erjik ara nöronlardaki sodyum ve kalsiyum kanallarını etkileyerek oluştururlar. Dopamin metabolitleri seviyesindeki artış, dopaminin aşırı yıkımıyla oluşur ve sinir hücreleri arasındaki dopamin seviyesinin azaldığını gösterir.

Bernardi ve ark. (1981), open field testinde lokomotor ve rearing hareketlerinin sıklığını gözlemlemekle, ilaç ve diğer maddelerin dopaminerjik sistem üzerindeki etkilerinin belirlenebildiğini bildirmişlerdir. Dopamin beynin özgün bölgelerinden salınır. Özellikle duygu ve davranışla ilgili diğer nöronların aktivitelerini inhibe eder veya düzenler. Dopaminerjik nöronlar, reaktif oksijen türlerinin aşırı üretimine çok duyarlıdırlar (Mollace ve ark., 2003). Hızlanan dopamin turnoveri, dopaminin otooksidasyonu ile üretilen H_2O_2, reaktif quinin ve semi-quinon türleri gibi reaktif türlerin formasyonuna yol açar (Makes ve ark., 1981). Kuramsal olarak neonatal dönemindeki dopamin metabolizmasındaki artış, ROS üretimini çoğaltarak oksidatif strese neden olabilir.

Nasuti ve ark.'nın (2007) yaptıkları çalışmada, doğumdan sonraki 35. günde düşük dozda piretroidlere maruz kalan neonatal sıçanlarda lokomotor aktivite artmıştır. Ayrıca sipermetrine maruz kalanlarda rearing aktivitesi de artmıştır. Nasuti ve arkadaşları için bu dopaminerjik bir bozukluk olduğunun göstergesidir. Çünkü doğumdan sonraki 35. günde düşük dozda piretroidlere maruz kalan neonatal sıçanlarda piretroidler, dopaminerjik aktiviteyi değiştirmişlerdir. Bu bulgular, striatumda ölçülen yüksek HVA (homovallinik asid, dopamin metaboliti) ve düşük dopamin seviyesiyle doğrulanmıştır. Lokomotor aktivitede gözlenen artış, dopamin turnoverinde normalin üstündeki artışla birlikte dopaminin belirgin bir yıkımının sonucudur. Benzer sonuçlar, sıçanlarda lokomotor aktivitesi (Husain ve ark., 1994) ve dopamin turnoverindeki (Karen ve ark., 2001) artışın hücresel dopamin alımının hızlanmasıyla ilgili olabildiği düşünülen daha önceki çalışmalarda da elde edilmiştir.

Eriksson ve Fredriksson (1991), emme döneminde bioalletrin ve deltametrinin, neonatal fare beynindeki muskarinik kolinerjik reseptörlere etkisini incelemişlerdir. Yaptıkları bu çalışmada, 4. haftada hem bioalletrinin, hem de deltametrinin spontan motor hareketlerinde önemli bir artışa neden olduğunu saptamışlardır. Ayrıca bioalletrin ve deltametrin uygulanan farelerin serebral kortekslerinde muskarinik kolinerjik reseptör yoğunluğunda azalma tespit edilmiştir. Neonatal farelerde gelişme dönemi boyunca kolinerjik sistemde ortaya çıkan bozukluklar, hayvanlar yetişkin döneme eriştiğinde kolinerjik ve davranışsal değişkenlerde kalıcı değişikliklere yol açabilir.

Prenatal dönemde 0.08 mg/kg dozda deltametrine maruz kalan sıçan yavrularında, deltametrinin fiziksel, refleks ve davranışsal gelişim parametreleri üzerindeki etkilerini inceleyen Lazarini ve ark. (2001), 21. günde erkek yavrularda rearing hareketlerinin sıklığında ve striatal DOPAC seviyesinde artış tespit etmişlerdir. Bu bilgiler dopaminerjik sistemdeki yüksek aktiviteyi göstermektedir.

Hussain ve ark. (1994), yavru erkek sıçanlara doğumdan sonraki 22 ile 37. günler arasında, oral yolla 7 mg/kg dozda deltametrin uygulamışlardır. Çalışma sonucunda deney hayvanlarının beyninde, Monoamin Oksidaz (MAO) ve asetilkolin esteraz aktivitelerinde artış ve poliaminlerin (dopamin, noradrenalin vs.) konsantrasyonunda değişiklik kaydetmiş ve deltametrinin spontan lokomotor aktivitesinde önemli ölçüde artışa neden olduğunu belirtmişlerdir. MAO, dopamin gibi biyolojik aktif aminlerin metabolizmasında anahtar rol oynayan bir enzimdir. Hussain ve ark. (1996), aynı sonuçları 7 mg/kg dozda oral yolla 15 gün boyunca deltametrin uyguladıkları yetişkin erkek albino sıçanlarda da elde etmişlerdir.

Nasuti ve ark. (2008), yaptıkları bir çalışmada 60 gün boyunca sıçanların bir kısmına oral yolla günde 150 mg/kg dozunda permetrin, bir kısmına aynı dozda ve aynı yolla permetrin ve günde 200 mg/kg dozda Vit E, bir kısım sıçanlara ise aynı doz ve aynı yolla permetrin ve Vit E'ye ilaveten intraperitonal yolla 4 mg/kg dozda CoQ_{10} uygulamışlardır. Çalışma sonucunda permetrinin oksidatif strese neden olarak striatumdaki plazma membranında değişikliğe yol açtığı ve lokomotor hareket sayısını azalttığını kaydetmişlerdir. Nasuti ve ark.'larına göre plazma membranının geçirgenliğindeki değişiklik, hücrelere uyarının iletilmesinde değişikliğe sebep olacağından, striatumun plazma membranının durumu lokomotor değişikliklerle ilgili olabilir. Vit E+ CoQ_{10} uygulaması ise permetrinin neden olduğu plazma membran geçirgenliğindeki değişiklikleri önleyebilmiştir. Vit E+ CoQ_{10} antioksidan etkileriyle striatum plazma membranının fiziko-kimyasal durumunun koruyarak, lokomotor hareketlerdeki düşüşü azaltmışlardır. Ayrıca Vit E, striatum hücrelerindeki GSH seviyesini koruyarak nöronal hasara karşı koruyucu etki göstermiştir.

Bu çalışmada belirlenen lokomotor hareketlerindeki değişiklikler, diğer çalışmalarda tespit edilen hareket değişiklikleri ile benzerlik göstermektedir.

Open field testinde defekasyon aktı sayısının değerlendirilmesinin amacı; deney hayvanlarındaki stres düzeyinin belirlenmesidir. Çünkü yapılan çalışmalarda stresli hayvanların santral bölüme daha az girdiği ve daha fazla defekasyon yaptığı tespit edilmiştir (Erdoğan ve ark., 2004). Defekasyon aktı sayısının, bioalletrin ve Vit C+ bioalletrin grubunda 60. günde daha fazla olması, stres düzeyinin 60. günde bu gruplarda yüksek olduğunu göstermektedir.

Rotarod testi: Bu test, motor inkoordinasyonunun belirlenmesinde en yaygın olarak kullanılan testlerden biridir. Rotarod cihazı, fare ve sıçanlarda nörolojik hasarı test etmek için Dunham ve Miya tarafından (1957) kullanılmaya başlanmıştır. Günümüzde ise halen yaygın olarak kullanılmaktadır. Rotarod testinin amacı hayvanların sensorimotor koordinasyonunu değerlendirmek olduğundan, bu test beyindeki hasarlarda ve bazı maddelerin motor fonksiyonu üzerindeki etkisini belirlemek için kullanılan hassas bir testtir. Motor koordinasyonu denge, kas gücü, yürüyüş şekli ve duyusal yeterlilik gibi kompleks davranışlardan oluşur. Motor koordinasyonunun kaybı, birçok nörolojik rahatsızlığın en karakteristik özelliklerinden ve ilaç toksikasyonunun en kolay gözlenebilir etkilerindendir.

Bu çalışmada, yapılan rotarod testine göre sadece bioalletrin grubundaki deney hayvanlarında rotarod değerlerinde önemli bir düşme görülmüştür. Rotarod testi değerlerindeki düşüş nedeniyle, bioalletrinin deney hayvanlarında sensorimotor aktiviteyi deprese ettiği söylenebilir. Bioalletrin grubunda, open field testinde hiperaktivite gösteren deney hayvanlarının, rotarod cihazı üzerinde duramaması, bu hayvanlarda motor koordinasyonun azalması yanısıra dikkat eksikliği olduğunu göstermektedir. Vit C uygulanan grupta open field testinde hiperaktivite görülmesine rağmen, rotarod testinde bu gruptaki hayvanlarda herhangi bir bozukluğa rastlanmaması ayrıca araştırılması gereken bir konudur. Rotarod cihazı üzerinde yürüyemeyen deney hayvanlarının, çoğunlukla hasta, gebe veya sürekli etrafına bakındığı için dikkatini toparlayıp konsantre olamayan hayvanlar olduğu tespit edildi. Bioalletrin grubundaki hayvanlar genellikle rotarod cihazına konulduğunda yürümesine rağmen sürekli etrafına bakıp konsantre olamadığı için belirlenen süreyi tamamlayamadan cihazdan düşmüşlerdir. Bu gruptaki hayvanlarda gözlenen motor koordinasyonun azalması ve dikkat eksikliği, bioalletrinin nöromediyatörler üzerindeki etkisinden dolayı kaynaklanmış olabilir. Bioalletrin grubundaki deney hayvanlarında open field testi ile tespit edilen hiperaktivite ve rotarod testi ile tespit edilen dikkat eksikliği, çocuklarda görülen dikkat eksikliği hiperaktivite bozukluğu (DEHB) semptomlarına benzemektedir.

Çocuklarda görülen dikkat eksikliği hiperaktivite bozukluğu, aşırı hareketlilik, dikkat eksikliği ve dürtüsellik olarak sınıflandırılabilen üç temel belirti kümesinden oluşur. Dopamin ve dopaminden sentezlenen noradrenalininin dikkat, konsantrasyon ve bunlarla ilgili motivasyon, uyanıklık gibi diğer bilişsel işlevlerdeki önemi bilinmektedir. Çünkü DEHB'de dopamin metabolizmasının artmış olduğu ileri sürülmüştür (Oades, 2002). DEHB'li çocuklarda dopamin taşıyıcılarının sayısı ve yoğunluğu ile beraber dopamin taşıyıcılarının bağlandığı bölgelerin %70 oranında daha fazla bulunduğu bildirilmektedir. Beyinde dopaminin işlev gördüğü yerlerden biri, prefrontal korteks, yani beynin ön bölgesidir. Buradaki dopamin oranı, kişinin dikkat fonksiyonlarını idare etmeye yöneliktir. O yüzden DEHB'de kişiye verilen ilaç, dopamini düzenlemeye yöneliktir (Ertem Bölükbaşı, 2006).

Yapılan son çalışmalarda, gelişme dönemi boyunca düşük dozdaki Tip II piretroid deltametrine maruz kalan farelerde, DEHB'li çocuklarda gözlenen dopamin taşıyıcı seviyesinde artış, hiperaktivite ve psikolojik uyaranlara karşı gösterilen sakinleştirici yanıtlarda çelişki gibi semptomlar görülmüştür. Bu bulguların doğruluğunu tespit etmek için, insanlar üzerinde de gözlemler yapılmıştır. Amerika'da 6 ve 15 yaş arasındaki çocuklarda DEHB için bir risk faktörü olan piretroid pestisitler ile ilgili bir çalışma yürütülmüştür. Bu analizlerde, Uluslararası sağlık ve besin inceleme kurulunun 1999 ve 2002 yılları arasında DEHB'li çocukların ebeveylerinden DEHB ile ilgili görüşleri ve maruz kalmanın bir ölçüsü olarak görülen deltametrin de dahil, piretroid pestisitlerin bir metaboliti olan 3-fenoksibenzoik asidin idrardaki düzeyi araştırılmıştır. İdrarlarında belirlenebilir seviyede piretroid metaboliti olan çocukların ebeveynleri, çocuklarının DEHB belirtileri gösterdiklerini fark etmişlerdir. Bu sayı, çocuklarında DEHB olduğu bir uzman tarafından söylenen ebeveynlere göre iki kat fazladır (Richardson ve ark., 2007). Aynı zamanda yapılan bir çalışmada deltametrin dopamin sentezini seçici olarak inhibe edip striatumdaki dopamin seviyesini azaltmıştır (Liu ve Shi, 2006).

Manna ve ark. (2006) oral yolla 150 mg/kg ve 15 mg/kg deltametrin uygulamasının motor koordinasyonu üzerindeki etkilerini belirlemek için, rotarod testini kullanmış ve deltametrinin motor koordinasyonunu azalttığını kaydetmişlerdir. Yine 0.5-1.5 g/kg deltametrin uygulanan farelerde (Chanh ve ark., 1984) ve 14.5-145 mg/kg alfa sipermetrin uygulanan sıçanlarda (Manna ve ark., 2005), rotarod testinde motor koordinasyonun azaldığı gözlenmiştir.

Vit E+ selenyum uygulamasının, bioalletrinin neden olduğu davranış de4ğişikliklerini önlemesinin nedenini tam olarak açıklayamamıza karşın, Yun ve ark. (2005)'nın poliklorinobifenil (PCB) ile yaptıkları çalışmada, PCB'nin neden olduğu sıçan striatum'undaki hücre dışı dopamin seviyesinde meydana gelen azalmaya karşı, Vit E'nin koruyucu etkiye sahip olduğunu tespit etmiş olmaları, Vit E'nin dopamin metabolizması üzerindeki düzenleyici rolünün hiperaktivitenin önlenmesine sebep olabileceği fikrini doğurmuştur. Çünkü PCB, hiperaktiviteye yol açan en önemli etkenlerden biridir (Holene ve ark., 1995; Holene ve ark., 1998) ve PCB'lere maruziyetin, başta dopamin olmak üzere katekolaminerjik nörotransmiter düzeylerini değiştirebileceği bildirilmiştir. Başka bir çalışmada Dexter ve ark. (1994), Vit E yetersizliği bulunan sıçanlarda dopamin terminallerinin sayısının azaldığını tespit etmişlerdir. Ayrıca Vit E, beyin dokusunda oksidasyonun zararlı etkilerini önler. Vit E hücre membranlarını stabilize eden ve toksik etkisi olmayan doğal bir besindir. Bu nedenle Vit E, beyindeki oksidatif hasarı engelleyerek de bioalletrinin davranışlar üzerindeki olumsuz etkilerini azaltabilir.

5.2. Biyokimyasal Bulguların Değerlendirilmesi

Pestisitler toksik etkilerini, hücresel hasara sebep olan oksidatif stres aracılı mekanizma yoluyla ortaya koyarlar (Bagchi ve ark., 1995). Oksidatif stres hücrelerde LPO'na neden olur. LPO sonucunda ortaya çıkan çeşitli aldehitlerden en iyi bilinenleri MDA'dır. MDA ölçümü ile lipit peroksidasyonun değerlendirilmesi yapılabilmektedir. MDA, ya hücresel olarak metabolize olur ya da başlangıçta etkili oldukları bölgeden diffüze olup hasarı hücrenin diğer bölümlerine yayar. Yapılan bir çok çalışma piretroidlerin oksidatif strese neden olabileceğini göstermiştir (Kale ve ark., 1999a). Yeni doğanlar, sınırlı metabolik kapasitelerinden dolayı piretroidlerin olumsuz etkilerine karşı yetişkinlerden daha duyarlıdırlar (Sheets, 2000).

Bu çalışmada, lipit peroksidasyon değerleri bakımından, bioalletrin grubunda MDA değerleri oldukça yüksek çıkmıştır. Bu da açıkça bioalletrinin oksidatif strese neden olduğunu göstermektedir. Bioalletrinin yol açtığı oksidatif stresi Vit C kısmen, Vit E+ selenyum ise neredeyse tamamen engelleyebilmiştir.

Eritrositler, membranlarında bulunan fazla miktardaki çoklu doymamış yağ asitleri ve yüksek hücresel oksijen ile hemoglobin içeriğinden dolayı oksidatif hasara oldukça duyarlıdırlar (Clemens and Waller, 1987). Eritrositler, hücre içi oksidatif strese karşı antioksidan enzimleri içeren birçok biyolojik savunma mekanizması ile donatılmıştır (Stern, 1985). Fakat gelişmiş antioksidan savunma sistemine rağmen, eritrositler toksik kimyasallar ve çevresel kirleticilere maruz kaldıklarında oksidatif hasara uğrayabilirler. Ayrıca metabolizma için kan yoluyla karaciğere taşınan piretroidlerin eritrositlerde hücresel hasara neden olmaları muhtemeldir (Spiteller, 1996). Son yıllarda yapılan çalışmalarda, fenvalerat, sipermetrin, permetrin gibi piretroidlere maruz kalmayı takiben, eritrositlerde birçok yapısal değişim ve biyokimyasal bozukluk tespit edilmiştir (Kale ve ark., 1999a; Giray ve ark., 2001; Nasuti ve ark., 2003; Prasanthi ve ark., 2005b). Bu çalışmada, bioalletrin uygulamasıyla eritrositlerdeki MDA miktarının artması; yüksek lipitte çözünebilme özelliği ve α-siyano grup ihtiva etmemesinden dolayı hücre membranını kolayca geçen piretroidlerin neden olduğu oksidatif hasarı kaydeden Nasuti ve ark. (2003), Prasanthi ve ark.'nın (2005a) bulguları ile uyuşmaktadır.

GSH düzeyi ile GSH'a bağlı enzimlerin aktivitelerindeki değişiklikler, ksenobiyotiklerin bazı türler üzerindeki etkilerinin belirlenmesinde kullanılan biyomarkırlardır (Almar ve ark., 1998). GSH, oksidatif strese karşı savunmanın en önemli basamağını oluşturmaktadır (Ahmed ve ark., 2000). Hücrelerde GSH yüksek konsantrasyonlarda bulunur ve hücreleri reaktif oksijen türlerine ve toksinlere karsı korur. GSH, ilaçların ve çevresel kirleticiler gibi ksenobiyotiklerin metabolizmasında da kullanılır. Oksidatif stresin zayıf olduğu durumlarda devreye giren adaptasyon mekanizmaları sonucunda GSH düzeyi artmaktadır. Ancak, oksidatif stresin güçlü olduğu durumlarda zayıflayan adaptasyon mekanizmalarına ve artan GSSG oluşumuna bağlı olarak GSH düzeyi azalmaktadır. Bu nedenle GSH'ın GSSG'ye oksidasyonu, oksidatif stresin erken bir markırı olarak değerlendirilmektedir (Reed, 2000).

Bu çalışmada oksidatif stresin yoğun olduğu tespit edilen bioalletrin ve Vit C+ bioalletrin grubunda gözlenen GSH değerlerindeki düşüş, artmış LPO'nun bir sonucu olabilir. Artmış LPO; GSH'ın tükenmesine, sentezinin azalmasına veya okside olmuş glutatyonun yeniden redüksiyonunun inhibisyonuna sebep olur. Çünkü hücresel GSH düzeyleri, oksidatif strese karşı oldukça duyarlıdır. Bu nedenle, reaktif oksijen türleri ve nitrojen türlerinin etkisinde hücresel GSH düzeyleri hızla azalır. Ayrıca GSH, artan ROS oluşumunu önlemede GPx'a substrat teşkil ettiğinden hızla tükenmektedir. GSH, E ve C vitaminleri gibi eksojen kaynaklı antioksidanların kullanılabilirliğini de arttırmaktadır. Glutatyon, dopamin metabolizmasında oluşan ROS hasarına karşı da hücreleri korur (Meister, 1994; Deneke ve Fanburg, 1989; Meister, 1983).

GPx enzimi, LOOH'leri veya H_2O_2'i indirgeyerek serbest radikal oluşumunun azalmasını sağlayan moleküller olarak bilinmektedir. Bu enzim LOOH'i indirgeyerek alkole (Reaksiyon I) ve H_2O_2'i indirgeyerek suya (Reaksiyon II) dönüştürür. Ayrıca GSH'ın GSSG'ye oksitlenme reaksiyonunu katalizler (Zhao, 2001). Bu tez çalışmasında, Vit E+ selenyum uygulanan grupta GPx enzimi aktivitesi, kontrol grubu ve diğer gruplara göre daha yüksektir. Bioalletrin grubunda ise GPx enzimi aktivitesinde istatistiksel olarak önemli olmayan bir azalma tespit edilmiştir. Bioalletrin grubunda GPx enzimi aktivitesinin azalmış olmasının nedeni, artmış süper oksit radikalleri ve azalmış GSH miktarı olabilir. Çünkü süperoksit radikallerinin aşırı artışı, GPx enzimi aktivitesinde düşmeye neden olmaktadır. Stresin oksidatif doku hasarındaki etkileri incelendiğinde, ROS'un peroksidaz aktivitesini oksidatif olarak inaktive ettiği bildirilmektedir (Meister ve Anderson, 1983). GSH, GPx enziminin kofaktörlüğünü yaparak, H_2O_2'i metabolize ettiği için (Meister ve Anderson, 1983; Meister, 1983; Meister, 1994; Ambrosio ve ark., 1992) oksidan stres ile GSH düzeyinin azalması, GPx enzimi aktivitesinin de azalmasına sebep olur.

Vit E+ selenyum uygulanan grupta GPx enzimi aktivitesinin artmasının nedeni, glutatyon peroksidazın önemli bir parçasını oluşturan selenyumun ilavesi olabilir. Hücresel bir detoksifikasyon enzimi olan GPx enziminin aktif bölgesinde vücut için gerekli bir iz element olan selenyum bulunmaktadır. Selenyum ilavesinin, bir radikal süpürücü enzim olan GPx enzimi aktivitesini önemli derecede artırdığı bilinmektedir. Selenyumun diyetteki ve doku konsatrasyonundaki artışı, plazma ve karaciğerde özellikle LPO'dan sonra, GPx enzimi aktivitelerinde artışa neden olduğu bazı çalışmalarda da belirtilmiştir. Selenyum, bir kez emildikten sonra GPx enzimini oluşturmak, ayrıca hemoglobin ve myoglobin gibi çeşitli proteinlerle birlikte olmak için sülfür içeren aminoasitlerle (sistein ve metiyonin) reaksiyona girer (LeBoeuf ve ark., 1985; Hoffman, 2002). Vit E+ selenyum uygulanan grupta tespit edilen GPx enzimi aktivitesinin artışı, hücrelerin H_2O_2'e karşı daha iyi korunmasını sağlayabilir.

SOD enziminin fonksiyonu, düşük konsantrasyonda dahi toksik olduğu düşünülen süperoksitlerin birikimini engellemektir (Fridovich, 1975; Halliwell ve Gutteridge, 1999). SOD enzimi, doğada yaygın bir şekilde, bütün oksijenli solunum yapan hücrelerde bulunur (Gregory ve ark., 1974). Bu çalışmada elde edilen bulgulara göre SOD enzimi aktivitesi, bioalletrin grubunda kontrol grubuna göre artış göstermiştir. Vit C uygulanan grupta da kontrol grubuna göre artış olmasına rağmen, bu artış bioalletrin grubuna göre daha azdır. Vit E+ selenyum uygulanan grupta SOD enzimi aktivitesi kontrol grubu ile istatistiksel olarak fark göstermemektedir. Bioalletrin ve Vit C+ bioalletrin grubunda SOD enzimi aktivitesindeki artış, süperoksit radikallerinin konsantrasyonundaki artışı önlemeye yönelik olarak ortaya çıkabilir. SOD enzimi miktarı, artmış oksidatif stres durumlarında düşer. SOD enzimi miktarının artması ise hücrelerin oksidatif stresten korunduğunun işaretidir.

CAT enzimi, temel fonksiyonu olarak oksidazlar tarafından ortaya çıkan H_2O_2'i ortadan kaldıran bir enzimdir. Yapılan bu tez çalışmasında CAT enzimi aktivitesi, bioalletrin grubunda kontrol grubuna göre oldukça yüksektir. Vit C+ bioalletrin grubunda bu artış kontrol grubuna göre yüksek, bioalletrin grubuna göre ise daha azdır. Vit E+ selenyum uygulanan grupta bu değer kontrol grubuna yakın olmakla birlikte, hafif artış göstermiştir. Oksidatif stres sonucu artan süper oksit radikali, SOD enzimi ile H_2O_2 ve oksijene çevrildikten sonra, CAT enzimi tarafında etkisiz bileşiklere dönüştürülür. Bundan dolayı, bu çalışmada tespit edilen bioalletrin ve Vit C+ bioalletrin grubundaki SOD enzimi aktivitesindeki artış sonucu ortaya çıkan bol miktarda H_2O_2'in ortamdan uzaklaştırılması için CAT enzimine ihtiyaç duyulduğundan, H_2O_2'in bu gruplarda CAT enzim aktivitesinde artışa yol açtığı düşünülebilir. Birçok *in vivo* ortamlarda peroksidaz aktivitesi olarak CAT enzimi tercih edilmektedir.

CAT enzimi kanda, kemik iliğinde, mukoz membranlarda, böbrek ve karaciğerde bulunur. Karaciğer ve eritrositlerde en yüksek aktiviteye sahiptir. Dolayısıyla CAT enzim aktivitesindeki artış, bioalletrinin neden olduğu oksidatif hasara adaptif bir yanıt olarak görülebilir. Hücrelerde, H_2O_2 üretiminden sorumlu oksidazların birçoğu peroksizomlara yerleştiği için; CAT enziminin büyük bir kısmı sitosol ve mitokondriye oranla peroksizomlarda bulunur (Kelly ve ark., 1998). CAT enzimi, H_2O_2'in yüksek konsantrasyonlarda bozunumunda rol oynarken, GPx enzimi düşük H_2O_2 konsantrasyonlarında daha etkindir (Chaudiere ve Ferrari-Iliou, 1999).

Sıçanlara sipermetrin ve fenvaleratın oral yolla tek doz (LD_{50} %0.001) uygulandığı bir çalışmada (Kale ve ark., 1999a), sipermetrin ve fenvalerat ayrı ayrı uygulandıktan sonraki 3. günde eritrositlerdeki LPO'da artış saptanmış ve bu artış 14 gün boyunca görülmüştür. Artmış oksidatif stres, SOD ve CAT enzimleri gibi antioksidan enzimlerin aktivitelerinde de artışa yol açmıştır. Ayrıca eritrositlerdeki GSH düzeyinde azalma saptanmıştır. Bu, muhtemelen piretroidlere maruz kalmış sıçanlarda artmış oksidatif strese verilen ilk cevap olarak değerlendirilmiştir. Yine Maiti ve ark. (1995) fenvalerat uygulanan farelerde serbest radikal seviyesinde ve SOD ile CAT enzimi aktivitesinde artış kaydetmişlerdir.

Gabbinelli ve ark. (2002) ise yaptıkları çalışmada, oral yolla düşük dozda (12,5 mg/kg) sipermetrine 60 gün boyunca maruz kalan farelerde LPO düzeyinde artış ve GPx enzimi aktivitesinde düşüş saptamışlardır.

Manna ve ark.'nın yaptıkları çalışmada (2004a), 30 gün boyunca 1/10 LD_{50} dozunda oral olarak uygulanan alfa sipermetrinin MDA seviyesini arttırdığını, CAT ve SOD enzimi aktivitelerini azalttığını belirlemişlerdir. Yine Manna ve ark. (2006), deltametrinin sıçanlarda kısa süreli toksisitesini incelemiş ve sonuçta; MDA seviyesinde artış, CAT, SOD enzimi aktivitelerinde düşme ve GSH seviyelerinde azalma saptamışlardır.

Nasuti ve ark. (2003), Tip II piretroid sipermetrin ve Tip I piretroid permetrin ile yaptıkları bir çalışmada, 60 gün boyunca her gün sıçanlara oral yolla düşük (sipermetrin; 2.5 mg/kg, permetrin; 15 mg/kg) ve yüksek dozda (sipermetrin; 25 mg/kg, permetrin; 150 mg/kg) sipermetrin ve permetrin uygulamışlardır. Çalışma sonucunda, yüksek dozda uygulanan sipermetrin ve permetrin, LPO'da önemli bir artışa neden olmuştur. Yine yüksek dozda sipermetrin ve permetrin GPx enzimi aktivitesinde düşüş, CAT ve SOD enzimi aktivitesinde önemli bir artışa yol açmıştır. Tip I piretroidlerden olan permetrin α-siyano grup ihtiva etmediğinden, sipermetrine göre membranlardan daha kolay geçer. Bu nedenle permetrinin enzimlerde neden olduğu değişiklik sipermetrine göre daha fazlaydı.

Prasanthi ve ark. (2005a), 28 gün boyunca 0, 250, 500 ve 1000 ppm dozunda diyete katılan fenvaleratın yüksek dozlarda eritrosit, karaciğer, dalak ve timusta LPO düzeyinde önemli bir artışa, 500 ve 1000 ppm düzeyinde karaciğer GSH düzeyinde azalışa, yine yüksek dozlarda karaciğerde SOD ve CAT enzim aktivitelerinde azalmaya, GPx enzimi aktivitesinde artışa, eritrositlerde ise SOD enzimi aktivitesinde artışa, GPx enzimi aktivitesinde azalışa neden olduğunu kaydetmişlerdir.

Gupta ve ark. (1999b), 8 gün boyunca günde 18 saat yavru sıçanları alletrin içeren sivrisinek kovucu buharına maruz bırakmış, bunun sonucunda beyin dokusundaki GSH miktarının düştüğünü, LPO düzeyinin ise beyin, karaciğer ve böbrek dokusunda arttığını tespit etmişlerdir.

Bu çalışmada biyokimyasal testlerde elde edilen sonuçlar Kale ve ark. (1999a), Maiti ve ark. (1995), Gabbianelli ve ark. (2002), Nasuti ve ark. (2003), Prasanthi ve ark. (2005a), Gupta ve ark.'nın (1999b) elde ettiği sonuçlar ile uyum göstermektedir.

5.3. Hematolojik Parametrelerin Değerlendirilmesi

Hematolojik değerler, hayvanların genel sağlık durumlarının değerlendirilmesi amacıyla sistemik ilişki ve fizyolojik adaptasyonu belirlemek için kullanılır. Kan sayımı analizi en sık istenen temel tarama testlerinden biridir. Kan sayımı bulguları, hematolojik ve diğer sistemlerle ilgili olarak çok önemli bilgiler sağlar. Eritrositlerin görevi, oksijenin akciğerden vücut dokularına taşınması ve karbondioksitin de dokulardan akciğerlere geri taşınmasıdır. Eritrositlerle ilgili olarak hemoglobin, hematokrit, MCV, MCH, MCHC analizleri yapılır. MCV, MCH, MCHC tarama parametreleri değildir. Daha çok aneminin tiplendirilmesinde değerlidir. Anemilerde, eritrosit sayısı, hemoglobin ve hematokrit değerleri düşer. Lökositler iki temel gruba ayrılır. Granülositler nötrofil, bazofil ve eozinofili içerirken; agranülositler lenfosit ve monositleri içerir. Lökositler vücuttaki enfeksiyonlarla savaşır ve fagositoz işlemini gerçekleştirirler. Aynı zamanda antikorların üretimi, taşınması ve dağıtımında da görev alırlar (Anonim, 2009b).

Pestisitler, lökosit ve bunun içinde yer alan nötrofil, lenfosit ve monositler gibi eritrosit, hemoglobin ve hematokrit değerlerin yükselmesi ile belirlenen hemopoetik sistemin mobilizasyonuna sebep olabilirler (Toś-Luty ve ark., 1999). Piretroidlerle zehirlenen hayvanlarda, granülositik ve eritrositik sistemin hem aktivasyonu hem de supresyonu gözlenir. Piretroidlerle periferal kandaki eritrositik ve lökositik sistemin reaksiyonu, piretroidlerin tipine, dozuna ve hayvanın cinsiyetine bağlıdır (Garg ve ark., 1997; Garg ve ark., 1992; Luty ve ark., 2000; Madden ve ark., 1995; Varshneya ve ark., 1992).

İmmün sistemin başlıca görevi, organizmayı yabancı moleküllere ve mikroorganizmalara karşı savunmada onları tanımak ve çeşitli effektör mekanizmalarla cevap vermektir. Piretroidler, nörohormonların aktivitelerinde (Madden ve ark., 1995; Santoni ve ark., 1999; Singh ve Jha, 1996) yol açtıkları değişikliklerin sonucu olarak immünolojik sistemin effektör hücrelerinin üretimi sürecinde (Santoni ve ark., 1998) bozukluğa yol açabilirler. Santoni ve ark. (1997,1999) sipermetrinle zehirlenen sıçanların kanında lenfositoz ile açığa çıkan dalaktaki havuzda ve periferal kan lenfositlerinde, sipermetrinin değişikliğe sebep olduğu ve dalaktaki T lenfositlerini azalttığını tespit etmişlerdir. Piretroidlerle zehirlenen hayvanların dalak dokusunun immünohistolojik olarak yapılan incelenmesinde (Garg ve ark., 1992; Perger ve Szadkowski, 1994; Singh ve Jha, 1996) lenfoid folliküllerin gelişiminde bozukluk ve dalağın korteks ve subkortikal bölgesinde lenfositlerin sayısının azaldığı belirlenmiş ve bu nedenle piretroidlerin, dalakta lenfositlerin üretimi sürecinin aksamasına neden olabileceği düşünülmüştür.

Noyan ve ark. (1995) yaptıkları bir çalışmada; 7, 15, 30 ve 60 günlük deney gruplarına ayırdıkları Wistar albino türü erişkin erkek sıçanları günde 9 saat inhalasyon yolu ile bioalletrin'e maruz bırakmış ve bu sürelerin sonunda aldıkları kanda lökositer parametreleri incelemişlerdir. Sonuçta nötrofil sayısında 7 günlük grupta artış görülürken, 30 ve 60 günlük gruplarda azalma görülmüştür. Lenfosit sayısında ise 7 günlük grupta azalışa karşılık, 30 ve 60 günlük gruplarda artış saptanmıştır. Tüm deney gruplarında eozinofil, bazofil ve monosit oranlarında kontrole göre anlamlı bir değişme görülmemiştir.

Mansee (2003), bioalletrin, piretrin ve piperonil butoksid içeren sivrisinek kovucu tabletlere haftada 6 gün (90 doz için), günde bir saat maruz bırakılan sıçanlarda, 90 dozluk uygulamadan sonra hemoglobin konsantrasyonunda, toplam eritrosit sayısında ve hematokrit yüzdesinde azalma, total lökosit sayısında dalgalanma, MCH ve MCV değerlerinde artış tespit etmiştir.

Haratym-Maj (2002) dişi ve erkek farelerde $^{1}/_{10}LD_{50}$ ve $^{1}/_{20}LD_{50}$ dozunda alfa-sipermetrin (0.5 mg/kg ve 25 mg/kg), deltametrin (5 mg/kg ve 25 mg/kg) ve fenvaleratın (10 mg/kg ve 50 mg/kg) neden olduğu subakut zehirlenmenin hematolojik parametreler üzerine etkisini incelemiştir. Bu üç piretroidin hayvanın cinsiyeti ve dozunu hesaba katmaksızın periferal kandaki lökositlerin sayısında artışa sebep olduğu tespit edilmiştir. Deltametrin, erkek farelerde yüksek dozda lenfosit yüzdesinde artışa, nötrofil sayısında azalışa, düşük dozda ise nötrofil sayısında artışa yol açmıştır. Düşük dozda alfa-sipermetrin ve yüksek dozda fenvalerat erkek farelerde monosit yüzdesinde artışa neden olmuşlardır. Dişi farelerde ise alfa-sipermetrin yüksek dozda, deltametrin düşük dozda ve fenvalerat hem yüksek hem düşük dozda lenfosit yüzdesinde artışa, yüksek dozda deltametrin ve fenvalerat, düşük dozda alfa-sipermetrin monosit yüzdesinde azalışa yol açmışlardır. Deltametrin ve fenvalerat her iki dozda erkek farelerde eritrosit ve hematokrit sayısında artışa neden olmuştur. Deltametrin 25 mg/kg dozda erkek farelerde hemoglobin sayısında artışa yol açmıştır. Alfa- sipermetrin uygulanan erkek farelerde eritrosit, hemoglobin ve hematokrit değerlerinde bir değişiklik görülmemiştir. Dişi farelerde ise her üç piretroid düşük dozda eritrosit sayısının azalmasına, yüksek dozda ise bu sayının artmasına neden olmuşlardır. Alfa-sipermetrin düşük dozda dişi farelerin hemoglobin ve hematokrit sayısında azalışa yol açarken yüksek dozda artışa sebep olmuştur. Deltametrin ve fenvalerat ise düşük dozlarda dişi farelerde hemoglobin ve hematokrit değerinde azalışa yol açmışlardır.

Garba ve ark. (2007) 30 adet albino sıçanın bir kısmını kontrol grubu olarak ayırırken, diğerlerini ise sırasıyla 12 saat, 7, 14, 21 ve 28 gün boyunca 26.2 m^{3}'lük bir odada günde 8 saat bioalletrin içeren sivrisinek kovucu buhara maruz bırakmış ve bu süre sonunda hematolojik değişiklikleri incelemişlerdir. Çalışma sonucunda bütün gruplarda eritrosit sayısı ve hematokrit değerinde artış olmasına rağmen, istatistiksel olarak bu artış sadece 28 gün boyunca buhara maruz kalan grupta önemli bulunmuştur. Bütün gruplarda lökosit sayısı önemli ölçüde artmıştır. 28 gün boyunca buhara maruz kalan grupta nötrofil yüzdesinde düşüş, lenfosit yüzdesinde ise artış gözlenmiştir. Bazofil yüzdesinde, 21 ve 28 gün süreyle maruz kalan grupta istatistiksel olarak önemli, 7 ve 14 gün süreyle maruz kalan grupta ise nispeten bir artış belirlenmiş, monosit yüzdesinde değişiklik gözlenmezken, 7, 14 ve 21 gün süreyle maruz kalan grupta eozinofil sayısında artış vardı.

Sayım ve ark. (2005), 8 haftalık erkek sıçanlara 28 gün boyunca oral yolla 60, 150 ve 300 mg/kg dozunda sipermetrin uygulamışlardır. Çalışmanın sonunda 150 ve 300 mg/kg dozda sipermetrin uygulamasının eritrosit sayısı, hematokrit, trombosit ve MCH değerlerinde düşüşe yol açtığını tespit etmişlerdir. 300 mg/kg dozda hemoglobin değerinde ve bütün dozlarda MCV değerlerinde doza bağlı önemli bir azalma görülmüştür. Lökosit sayısında önemli olmayan bir artış, fakat lenfosit ve monosit sayılarında önemli bir artış belirlenmiştir. Başka bir çalışmada

Yousef ve ark. (2003), 12 hafta boyunca iki günde bir oral yolla subletal dozda (24 mg/kg; $^{1}/_{100}LD_{50}$) sipermetrin verilen tavşanlardaki hematolojik değişiklikleri incelemiş ve sipermetrinin etkisiyle kanda hemoglobin, toplam eritrosit sayısı ve hematokrit değerlerinin önemli ölçüde azaldığı, lökosit sayısının ise arttığını tespit etmişlerdir. Yousef ve ark. (1998) aynı sonucu yine sipermetrin uyguladıkları koyunlarda da elde etmişlerdir. Yine dişi tavşanlara 5 gün aralıkla 4 kez intraperitonal yolla 25, 50 ve 75 mg/kg dozunda sipermetrin uygulayan Shah ve ark. (2007) eritrosit, hemoglobin, hematokrit ve nötrofil değerlerinde düşüş, MCV, lökosit ve lenfosit değerlerinde artış kaydetmişlerdir. El-Demerdash ve ark. (2004) ise 30 gün boyunca oral yolla 20 mg/kg fenvalerat uyguladıkları sıçanlarda, eritrosit, hemoglobin ve hematokrit değerlerinde düşme, lökosit değerlerinde artış saptamışlardır.

Ayrıca bazı araştırmacılar da (Parker ve ark., 1984; EPA, 1991; Shakoori ve ark., 1992) piretroit uygulamasıyla eritrosit, hemoglobin ve hematokrit değerlerinde önemli artış kaydetmişlerdir.

Çeşitli pestisitler, hematolojik parametreleri ve lökosit sistemini farklı şekillerde etkileyebilmektedir. Karbamatlı bir pestisit olan klorprofamın sıçanlarda doza bağlı olarak lökosit sayısını arttırdığını ve eritrosit sayısı, hemoglobin ve hematokrit düzeylerini düşürdüğü, dalak, karaciğer ağırlıkları ve hemotopoetik hücre hiperplazisini arttırdığı bildirilmiştir (Fujitani, 1997). Sahhaf (2006), yaptığı bir çalışmada albino sıçanlara organik fosfat insektisit olan sumithionu 60 mg/kg^{-1} dozunda 12 gün boyunca uygulamış ve uygulama sonucunda hematokrit değeri, lökosit sayısı ve lenfosit yüzdesinde önemli ölçüde artış, trombositlerde ise önemli ölçüde azalma kaydetmiştir. Eritrosit sayısı, MCV ve MCHC konsantrasyonlarında herhangi bir değişiklik saptamamıştır.

Bu çalışmada ise bioalletrin ve Vit C+ bioalletrin uygulanan grupta eritrosit, hemoglobin ve hematokrit değerleri kontrol grubuna göre daha yüksektir. Elde ettiğimiz bu sonuç Haratym-Maj (2002), Garba ve ark. (2007) ve diğer bazı araştırmacıların (Parker ve ark., 1984; EPA, 1991; Shakoori ve ark., 1992) yaptığı çalışma ile uyum göstermektedir. Eritrosit, hemoglobin ve hematokrit değerlerinin yükselmesi, bioalletrinin hemopoetik sistemi etkileyerek eritrosit yapımını uyarması ve buna bağlı olarak fazla miktarda eritrositin kan dolaşımına verilmesinden dolayı olabilir. Burada bioalletrinin uygulama yolu ve dozu dikkat çekmektedir. Birçok çalışmada piretroid içerikli sivrisinek kovucuların inhalasyonu sonucu akciğerlerde ve solunum yollarında irritasyon ve histopatolojik değişiklikler saptanmıştır. Piretroid içerikli sivrisinek kovucuların inhalasyonu ile akciğer ve solunum yolu rahatsızlıklarında görülen nefes darlığı sonucu dokulara oksijenin taşınmasında yetersizlik gözlenir. Doku düzeyinde oksijen yetersizliği eritropoetin adı verilen hormonun salınımına yol açar. Eritropoetin kemik iliğinde, retikülositlerin ve alyuvarların daha hızlı yapılıp kana verilmesi amacıyla kök hücreleri uyararak mitotik aktivitelerini arttırır. Bunun sonucunda fazla miktarda eritrosit kan dolaşımına salınır (Dukes, 1955).

MCV, kırmızı kan hücrelerinin çapını yani büyüklüğünü gösterir. MCV düşükse eritrositler daha ufaktır, yüksekse daha genişlemişlerdir. MCH ise eritrositlerin içerdiği ortalama eritrosit hemoglobin miktarını gösterir. MCHC, eritrosit hemoglobin konsantrasyonunun yüzde olarak ifadesidir. Bir eritrosit büyüklüğü ne olursa olsun, hemoglobin konsantrasyonu % 30-36 arasındadır. MCHC bu özelliği nedeni ile kan sayımı cihazlarında bir kontrol parametresi olarak da kullanılır. RDW eritrosit büyüklüklerinin dağılımı hakkında fikir verir. RDW normalden yüksek ise, eritrositler birbirlerinden büyüklük olarak farklılıklar gösteriyor demektir (Anonim, 2009b). Bu tez çalışmasında elde edilen bulgulara göre bioalletrin ve Vit C+ bioalletrin grubunda eritrosit, hemoglobin ve hematokrit değerlerinde artış varken, MCV, MCH ve MCHC değerlerinde düşüş olmasının nedenini açıklayabilmek için aydınlatıcı bir çalışmaya ihtiyaç vardır.

Trombosit sayısında, 75. günde bioalletrin ve Vit C+ bioalletrin grubunda artış, 90. günde her üç grupta kontrol grubuna göre azalma gözlenmiştir. Trombosit sayısı ani kan kaybı, akut enfeksiyonlar, kronik hastalıklar (bağ doku hastalıkları, tuberküloz gibi) gibi hastalıklarda artış gösterir. Trombosit sayısının azalması ise trombopoezisin baskılanmasından ya da retiküloendotelial sistemin artmış aktivitesine bağlı trombosit yıkımından kaynaklanmış olabilir. Kan örneğinin uygun alınmadığı durumlarda (kan alındıktan sonra tüpün iyi karıştırılmaması, damara girilirken zorlanılması gibi) trombositlerin kümeleşmesi sonucu da trombosit sayısı düşük sayılabilir (Dukes, 1955). Trombosit sayısındaki azalma Sayım ve ark. (2005) yaptıkları çalışma ile benzerlik göstermektedir. Pletekrit değeri yani trombositlerin hacim oranı (trombositlerin ağırlıklı sıklığı) ise özellikle Vit E+ selenyum+ bio. grubunda artmıştır. Pletekrit, rutin kan testlerinde kullanılmasına karşın ayırıcı tanıdaki rolü belli değildir (Osselaer ve ark., 1997).

Bu çalışmada, bioalletrin ve Vit C+ bioalletrin grubunda lökosit değerlerinde artış tespit edilmiştir. Özellikle bioalletrin grubundaki artış çok belirgindir. Yapılan bazı araştırmalarda, lökosit sayılarında görülen artış, canlının toksik maddelere karşı savunma mekanizmasında oluşturduğu fizyolojik bir tepki olarak ifade edilmiştir (Uluköy, 1992). Buna bağlı olarak kandaki lökosit sayısının artışı, immunolojik sistemin mobilizasyonu ve dalaktan periferal kana lökositlerin geçişinden kaynaklanabilir. Dolayısıyla lökosit düzeyinin artması canlının bioalletrin toksisitesine karşı bir savunma mekanizması geliştirdiğini düşündürmektedir. Ayrıca günün saati, yemek, egzersiz, epinefrin (endojen ya da ekzojen) düzeyi, anestezi ve diğer stres durumları gibi çeşitli faktörler fizyolojik lökositoz oluşumuna neden olabilir. Örneğin, egzersizden sonra nötrofili oluşur. Kural olarak, epinefrin dolaşım kanında nötrofillerin artışına neden olurken bazı türlerde de lenfositlerin artışına yol açar. Bazı anestezik maddeler de epinefrin salınımını uyararak lökositoz gözlenmesine neden olurlar (Dukes, 1955).

Bu çalışmada, lenfosit yüzdesi değerlerinde kontrol grubuna göre 60. günde Vit C+ bioalletrin ve Vit E+ selenyum+ bio. grubundaki, 75. günde bioalletrin grubundaki azalmanın dışında genel olarak artma, nötrofil yüzdesi değerlerinde ise kontrol grubuna göre yine 60. günde Vit C+ bioalletrin ve Vit E+ selenyum+ bio. grubundaki, 75. günde bioalletrin grubundaki artmanın yanısıra genel olarak azalma görülmüştür. Monosit yüzdesi değerlerinde özellikle bioalletrin grubunda kontrol grubuna göre artış tespit edilmiştir. Eozinofil yüzdesi değerlerinde önemli bir değişiklik saptanmamış olup, Vit C+ bioalletrin ve Vit E+ selenyum+ bio. grubunda çok hafif artışlar bulunmuştur. Bazofil yüzdesi değerleri her üç grupta kontrol grubuna göre 30. günde azalırken, 45. günden itibaren artış göstermiştir.

Lenfositler, bağışıklık yanıtının humoral kısmını oluştururlar. Çok çeşitli fonksiyonlara sahip bu hücrelerin en temel işlevi, mikroorganizmaları tanıyıp, onlara karşı antikor yapımını gerçekleştirmektir. Bağışıklık sisteminin temelini oluşturan lenfosit hücreleri, canlının ilk gelişim aşamalarında oldukça fazla üretilir ve bu miktar vücuda giren antijeni tanır hale gelen mekanizmada zamanla farklılık gösterir. Bunun yanında vücutta doğal mekanizmanın temelini ise monosit, nötrofil, eozinofil ve bazofil hücreleri oluşturur. Bu hücreler, vücutta herhangi bir ekto veya endoparazit durumunda ya da bakteriyel enfeksiyonlarda faaliyete geçerler ve sayılarında artış kaydedilir (Konuk, 1981).

Bu çalışmada tespit edilen lenfosit, monosit, eozinofil ve bazofil yüzdelerindeki artışın, lökositik sistemin aktivasyonundan ileri geldiği düşünülmektedir. Ayrıca Bazofilik lökositlerdeki artış, akciğer irritasyonuna karşı görülen inflamatuvar bir cevap olarak da yorumlanabilir. Çünkü piretrinlere maruz kalan insan ve laboratuvar hayvanlarında kaydedilen solunum yolu irritasyonunun belirtisi, piretrinlerin immunolojik ve lenforetiküler etkisinden ileri gelmektedir (Carlson ve Villaveces, 1997). Bioalletrin grubunda nötrofil sayısının azalışı ise bioalletrinin nötrofil (nötrofillerin üretildikten ve kemik iliğinden salındıktan sonra yıkımında artma ve dolaşım dışında nötrofillerin dokularda birikmesi) ya da miyelopoez üzerindeki zarar verici etkisinden kaynaklanabilir. Nötropeninin klinik önemi infeksiyonlara eğilimin artmasıdır. Bu çalışmada, bioalletrin grubunda tespit edilen lökosit sayısı ile lenfosit, nötrofil, eozinofil ve bazofil yüzdelerindeki değişiklikler, Garba ve ark.'nın (2007) yaptığı çalışma ile uyum göstermektedir. Elde edilen sonuçların immun sistem ile ilgili olabileceği düşünülmüştür.

Bu tez çalışmasında kan parametrelerinden elde edilen sonuçlara göre, eritrosit ve lökosit sayısı gibi önemli parametrelerde bioalletrinin neden olduğu değişiklikleri önlemede Vit E+ selenyum uygulamasının koruyucu etkisi daha fazla olduğu halde diğer kan parametrelerinde Vit C uygulamasının da koruyucu etkiye sahip olduğu görülmektedir.

5.4. Histopatolojik Bulguların Değerlendirilmesi

Pestisitler hidrofobik yapılarından dolayı biyolojik membranlarda, özellikle fosfolipit tabaka (Lee ve ark., 1991) ve yağ dokusu, deri, karaciğer, böbrek, ovaryumlar, merkezi ve periferal sinir sistemi yapıları (Gupta ve ark., 1999b; Soderlund ve ark., 2002) gibi yağdan zengin dokularda büyük ölçüde birikirler. Organizmalarda oksidatif strese karşı en duyarlı organ beyin olarak kabul edilir. Bunun nedeni ise beyin hücrelerinde oksidatif metabolizmanın yüksek olması ve beyin membranlarının yapısında bol miktarda çoklu doymamış yağ asitlerinin bulunmasıdır. Hücre ölümleri, motor nöron bozuklukları ve aksonal hasarlar gibi sinirsel dejenerasyon mekanizmalarında başrol reaktif oksijen türlerine aittir (Mates, 2000). Beyinde GSH miktarının azalması da, beyin hücrelerinde çeşitli ksenobiyotiklere karşı duyarlılığın artmasına ve mitokondride bozukluklara neden olabilmektedir. Azalan GSH içeriği ve ATP miktarı, sinerjistik olarak oksidatif strese ve nöron kaybına neden olmaktadır (Dringen, 2000). Bebeklerde kaydedilen piretroid zehirlenmelerinin birçoğu, piretrum esterlerinin yetersiz hidrolizinden dolayıdır (Hayes, 1982). Piretroidler lipofilik olmaları nedeniyle, merkezi sinir sistemi gibi dokulara kolay ve hızlı bir şekilde girebilirler. Dolayısıyla çok küçük dozlarda önemli biyolojik etkiler ve buna bağlı olarak patolojik bozukluklara yol açabilirler.

Sivrisinek kovucu spiral ve tablet formundaki bioalletrin preparatı ile sıçanlarda farklı sürelerde yapılan bir dizi inhalasyon çalışmasında, enzim aktivitelerinde ve mikroskobik olarak trakea, akciğer ve böbreklerde patolojik değişimler şekillendiği belirtilmiştir (Liu ve Wong, 1987; Hussein ve ark., 1993). Ancak literatür taraması sonucunda bioalletrin ya da piretroidlerin beyin üzerindeki histopatolojik etkilerini inceleyen çok fazla çalışmaya rastlanmamıştır. Bu çalışmada bioalletrinin kronik toksik etkilerini belirlemek amacıyla 90. günde sıçanlardan alınan beyin, karaciğer ve dalakta histopatolojik olarak değişiklikler incelenmiştir. Özellikle bioalletrin grubundaki sıçanların beyninde genel olarak, bazofilik nöronlar, hidropik nüklear şişkinlik ve nüklear marjinasyon gözlenmiştir. Bu bulgular, Vit C ve Vit E+ selenyum uygulanan gruplarda, bioalletrin grubuna göre daha azdı. Özellikle beyindeki bu lezyonların Vit E+ selenyum uygulanmasıyla önemli ölçüde azaldığı dikkati çekmektedir.

Sayım ve ark. (2005), 8 haftalık erkek sıçanlara oral yolla 28 gün boyunca 60, 150 ve 300 mg/kg sipermetrin uyguladıkları çalışmada, histolojik olarak her üç dozda da nöronların sitoplazmasında iskemi ve piknozisten dolayı beyinde bazı deformasyon bölgeleri tespit etmişlerdir. Manna ve arkadaşları (2004a) oral yolla tek doz 145 mg/kg (LD_{50}) alfa sipermetrin uygulanan sıçanlarda, beynin menings ve serebellum bölgesinde konjesyon ve hemoraji şekillendiğini bildirmişlerdir. Muthuviveganandavel ve arkadaşları (2008) ise intradermal yolla düşük dozda ve kısa sürede uygulanan alfa sipermetrinin, sıçan beyninde mezodermal tabakanın vakülasyon ve konjesyonuna neden olduğu, ayrıca hepatositlerde de vakülasyonun ve nükleer düzensizliğin görüldüğünü belirtmişlerdir.

Karaciğer, piretroidlerin metabolize edildikleri ve dolayısıyla piretroid metabolitlerinin büyük ölçüde biriktiği organdır (Rickard ve Brodie, 1985; Giray ve ark., 2001). Piretroidlerin toksik etkileri, muhtemelen hücrelerin değişik membran yapılarında hasara sebep olan reaktif oksijen türevlerinin oluşumu yoluyla meydana gelmektedir. Bir çalışmada, lambda-siyhalotrin'e 21 gün boyunca maruz kalan sıçanların karaciğerinde oksidatif stres gözlenmiştir. LPO'nu teşvik eden, hepatoselüler membranda serbest radikallerin hasarını başlatan ve karaciğer hasarına neden olan karaciğer MDA seviyesinin yükselmesi ve GSH seviyesinin düşmesi bunun göstergesidir (Fetoui ve ark., 2008). Ayrıca Fetoui ve ark. yaptığı bu çalışmada, histopatolojik olarak sentrilobüler hepatik nekroz ve önemli ölçüde lökosit infiltrasyonu tespit edilmiştir. Fötal ve neonatal karaciğer metabolik kapasitesi ve enzim donanımı açısından yetişkin karaciğerlerine göre farklılık gösterir. Yeni doğanların karaciğerleri yüksek rejenerasyon ve proliferasyon yetenekleri yanı sıra, karaciğere zarar veren maddelere özgü reseptörleri tam gelişmediğinden, bu tür maddelere karşı daha dayanıklıdırlar ya da tamamen duyarsızdırlar. Ancak neonatallerde metabolik kapasite yeterli olmadığından karaciğer hasarı piretroid gibi pestisidlerle daha fazla olabilir.

Noyan (1994) yaptığı çalışmada, 7, 15, 30 ve 60 günlük sürelerde günde 9 saat inhalasyon yolu ile bioalletrine maruz bırakılan Wistar albino türü sıçanlardan bu sürelerin bitiminde aldığı akciğer ve karaciğer dokusu üzerine bioalletrinin etkisini histolojik olarak incelemiş ve çalışmanın sonucunda karaciğer dokusunda, vena centralis ve vena porta'da dilatasyon ve konjesyon, sinüzoidlerde dilatasyon ve konjesyon, binükleer hepatosit sayısında artış, hepatosit sitoplazmalarında boşalma ve üç değişik lokalizasyonda (portal aralıkta, hepatositlerde ve vena sentralis duvarında) lenfosit infiltrasyonu gözlemiştir.

Özbilgin ve ark. (1996), sıçanlara bioalletrin içeren likit sivrisinek kovucu preparatı inhalasyon yolu ile dört ay süre ile günde sekiz saat uygulayarak, bioalletrinin sıçanlardaki kronik toksik etkilerini toksikolojik ve histopatolojik yönleriyle araştırmış ve çalışma sonucunda karaciğerde, sentrilobuler hepatositlerde dejenerasyon ve lipit vakuolleri tespit etmişlerdir.

Yavaşoğlu ve ark. (2006), 28 gün boyunca diyetlerine 60, 150 ve 300 mg/kg sipermetrin katılan sıçanların karaciğerindeki biyokimyasal ve histolojik değişiklikleri incelemişlerdir. 150 ve 300 mg/kg sipermetrin uygulanan sıçanların karaciğerinde, sinüzoidlerde genişleme, hepatik korda ve hepatositlerde dejenerasyon, hepatositlerde vakoul formasyonu, nükleusta pleomorfizm ve karaciğer dokusunda konjesyon gibi histopatolojik değişiklikler gözlenmiştir. Ayrıca mononüklear hücre infiltrasyonu ve karaciğer parankimatöz dokularda kupffer hücrelerinde artış saptanmıştır.

Başka bir çalışmada Luty ve ark. (2000), oral yolla 250 mg/kg alfa-sipermetrin uygulanan Wistar sıçanların karaciğerinde mononüklear hücre infiltrasyonu ve hepatositlerde parankimatöz dejenerasyon gözlemişlerdir. Manna ve ark. (2004b) ise oral yolla alfa-sipermetrin uyguladıkları sıçanların karaciğerinde konjesyon, hemoraji ve sinüzoidlerde parçalanma tespit etmişlerdir.

Mani ve ark. (2004), 90 gün boyunca haftada 5 gün ve günde 4 saat inhalasyon yoluyla piretroid insektisit fenvalerata maruz kalan sıçanların karaciğerinde, midzonal bölge gibi sentrilobüler bölgede yağlı dejeneratif değişiklikler görüldüğünü bildirmişlerdir. Hepatositler, sitoplazmada büyük vakuollerle birlikte önemli sitoplazmik ve nüklear hasar göstermiş ve nükleusların çoğunda karyolizis görülmüştür. Kupffer hücrelerinin ise belirgin olduğu saptanmıştır.

Aldana ve ark. (2001), 7 gün boyunca her gün i.p. yolla 300 mg/kg sipermetrin uygulanan sıçanların karaciğer hücrelerinin endoplazmik retikulumunda şişme ve mitokondride hasar gözlemlemiş ve bu hasarı p.o. yolla verilen α-tokoferolun azalttığını kaydetmişlerdir. Yine bir piretroid insektisit olan permetrinin sıçan ve farelerdeki kronik toksisite ve karsinojenisitesini araştıran Ishmael ve Litchfield (1988), iki yıl süre ile 500, 1000 ve 2500 ppm'lik dozlarda permetrin diyeti uyguladıkları sıçanların karaciğerlerinde, 52. haftada 2500 ppm'lik grupta midzonal ve sentrilobüler alanlarda vakuollü hepatositlerin insidansında artış olduğunu ve aynı doz grubunda 104. haftada sitoplazmik eozinofilide artış ile birlikte sentrilobüler hipertrofi gözlediklerini belirtmişlerdir.

Bu çalışmada karaciğerde histopatolojik olarak tespit edilen kupffer hücre artışı ve mononüklear hücre infiltrasyonları gibi bulgular Noyan (1994), Yavaşoğlu ve ark. (2006), Luty ve ark. (2000), Mani ve arkadaşlarının (2004) elde ettiği bulgular ile benzerlik göstermektedir. Ayrıca bu tez çalışmasında, dalakta germinal merkez oluşumu gözlenmiştir. Bazı toksikolojik çalışmalarda, piretroidlerin immun sistem üzerinde baskılayıcı bir etkiye sahip olduğu ve lenf nodülleri ile dalakta hasara neden olabilecekleri belirtilmiştir (Repetto and Baliga, 1997). Piretroidler dalakta genellikle ağırlık artışına yol açarlar (Prater ve ark., 2002). Ama piretroidlerin dalak üzerindeki histopatolojik etkilerini inceleyen çalışmalara çok fazla rastlanmamıştır. Garba ve arkadaşları (2007) bioalletrin içeren sivrisinek kovucu buharlara maruz kalan sıçanların dalağında, venöz sinuzoidlerde aşırı konjesyon, hem kırmızı hemde beyaz pulpada hiperplazi ve regresyon görüldüğünü bildirmişlerdir.

Serbest oksijen radikalleri ve oksidatif stres karaciğer ve beyin hasarının patogenezinde önemli bir role sahiptir. Toksik maddelerden dolayı meydana gelen karaciğer ve beyin lezyonlarının oluşumunun önlenmesinde doğal antioksidanların kullanımı faydalıdır (Prasanthi ve ark., 2005a). Bu tez çalışmasında Vit E+ selenyum ve Vit C uygulanması bioalletrinin neden olduğu oksidatif stres ve buna bağlı beyin, karaciğer ve dalaktaki hasarı azaltmada koruyucu etkilere sahip oldukları görülmüştür.

Vit E ve C gibi suda çözünebilir antioksidantların, beyindeki düzeyleri oldukça yüksektir. Çünkü bu bileşikler, glukoz taşıyıcılarının eşliğinde kan beyin engelini kolayca geçebilmektedirler (Gilgun-Sherki ve ark., 2001).

Vit E, Vit C ve selenyumun antioksidan olarak kullanıldığı birçok çalışmada, piretroidlerin neden olduğu oksidatif strese karşı bu antioksidanların hücreleri korudukları ve piretroidlerin vücuttaki toksik etkilerini azalttıkları tespit edilmiştir.

Grajeda-Cota ve ark. (2004) yaptıkları bir çalışmada, sıçan hepatositlerinde sipermetrinin neden olduğu hücre içi sitotoksisiteye karşı koruyucu olarak Vit C kullanmışlardır. Bu çalışmada, Tip II piretroidlerden olan sipermetrin 15μM konsantrasyonda Wistar sıçanların hepatositlerinde hücre içi toksik etkiler göstermiş ve GSH metabolizmasını aktive etmiştir. Vit C (1 mM) ile pre-inkübasyon ise sipermetrine maruz kalan hepatositlerde, AST miktarında ve glutatyon tüketiminde önemli bir azalma tespit edilmiştir. Dolayısıyla Grajeda-Cota ve ark. (2003) sipermetrinin hücre içi sitotoksisitesinde, askorbik asitin önemli koruyucu role sahip olduğunu kaydetmişlerdir.

Giray ve ark. (2001) sıçan beyin ve karaciğerinde sipermetrinin neden olduğu oksidatif stresi önlemek için Vit E ve allopurinol kullanmışlardır. Tek doz (170 mg/kg) ya da tekrarlanan dozlarda (5 gün boyunca her gün 75 mg/kg) oral yolla uygulanan sipermetrinin sıçanların serebral ve hepatik dokularında belirgin bir oksidatif stres oluşturduğu bulunmuş ve uygulamadan sonraki 4 ile 24 saatte, her iki dokuda TBARS seviyesinin artması bunun delili olarak görülmüştür. Sipermetrin uygulamadan önce bu sıçanlara Vit E (3 gün boyunca her gün 100 mg/kg, 4. gün 40 mg/kg) verilmesi, 4 saat içinde yüksek dozda tek seferde oral yolla sipermetrin uygulamasının sebep olduğu serebral ve hepatik dokulardaki TBARS seviyesinin artmasına karşı belirgin bir koruma sağladığı bulunmuştur.

Fetoui ve ark. (2008), Tip II sentetik piretroidlerden lambda-siyhalotrinin, sıçan karaciğerinde yol açtığı biyokimyasal ve histopatolojik değişikliklere karşı koruyucu olarak Vit C'nin etkisini araştırmak için 3 hafta boyunca sıçanlara içme suyu ile birlikte lambda-siyhalotrin ve Vit C uygulamışlardır. Yaptıkları çalışmanın sonucunda lambda-siyhalotrinin MDA seviyesini yükselterek oksidatif strese neden olduğu, antioksidan enzim aktivitesi ve GSH seviyesini azaltarak, laktat dehidrogenaz aktivitesini artırarak biyokimyasal parametrelerde değişikliğe yol açtığı ve karaciğerde histolojik olarak bazı değişiklikler şekillendirdiğini gözlemlemişlerdir. Vit C takviyesinin ise bu sentetik piretroid insektisidin neden olduğu toksisiteyi azalttığını tespit etmişlerdir.

Kale ve ark. (1999b), sipermetrin ve fenvalerat gibi piretroidlerin karaciğer, böbrek ve kalp dokusunda oksidatif stres ve antioksidan savunma sistemi üzerine etkilerini değerlendirmek için sıçanlara tek doz (0.001% LD_{50}) olarak sipermetrin ve fenvalerat uygulamışlardır. Ayrıca bu piretroidlerin neden olduğu oksidatif strese karşı Vit E uygulamasının sıçanlarda koruyucu etki yapıp yapmadığını belirlemek için, piretroid uygulamasından önce sıçanlara Vit E uygulamışlardır. Piretroidlerle birlikte Vit E uygulanan sıçanlarda LPO düzeyinin düştüğü, piretroid uygulamasıyla artan SOD ve CAT aktivitesinin ve GSH seviyesinin azaldığı, ayrıca sipermetrin ve fenvaleratın neden olduğu karaciğer nekrozunun önlenebildiği tespit edilmiş, dolayısıyla Vit E'nin koruyucu etkiye sahip olduğu kanısına varmışlardır.

Bir çalışmada da (Yousef ve ark. 2006), 30 gün boyunca oral yolla (1.28 mg) deltametrine maruz kalmayı takiben erkek sıçanlarda oksidatif stres oluşumu, biyokimyasal parametreler ile enzimatik aktivitelerdeki değişiklikler ve Vit E'nin (100 mg Vit E/kg) bu değişiklikler üzerine muhtemel etkisi incelenmiştir. Sonuçta deltametrinin etkisiyle LPO düzeyinde önemli bir artış ve GST ile SOD aktivitelerinde önemli bir azalma meydana gelmiş; Vit E uygulaması ise LPO düzeyini azaltmış, SOD ve GST aktivitelerini kontrol grubu seviyesine getirmiştir. Dolayısıyla Vit E, deltametrinin zararlı etkilerini azaltmıştır.

El-Demerdash ve ark. (2004), erkek sıçanlarda hematoloji, serbest radikaller, biyokimyasal parametreler ve semen kalitesi üzerindeki fenvalerat toksisitesine karşı antioksidan olarak Vit E'nin rolünü araştırmışlardır. Bu amaçla sıçanlara 30 gün boyunca fenvalerat (20 mg/kg BW) ve Vit E vermişlerdir. Sonuçta fenvaleratın plazma ve beyinde önemli derecede, karaciğer ve testislerde çok az düzeyde serbest radikal oluşumuna, plazma proteinleri, hematolojik parametreler, vücut ağırlığı ve organların ağırlığında değişikliğe yol açtığı belirlemişlerdir. Vit E'nin ise plazma, beyin, karaciğer ve testislerdeki serbest radikallerin seviyesini azalttığı, böylece fenvaleratın zararlı etkilerini azaltabileceğini tespit etmişlerdir. Gabbianelli ve arkadaşları da (2004) yaptıkları çalışmada sıçan eritrositlerinde permetrinin sebep olduğu oksidatif stres seviyesini, Vit E ve C'nin azalttığı sonucuna varmışlardır.

Ateşşahin ve ark. (2005) ise karaciğer, beyin, böbrek ve kanda sipermetrin tarafından oluşturulan oksidatif stres üzerine Vit E, selenyum ve Vit E ile birlikte selenyumun koruyucu ve/veya arttırıcı etkilerinin olup olmadığını araştırmak amacıyla sıçanlara 3 gün süreyle günlük olarak Vit E (100 mg/kg), selenyum (0,1 mg/kg) ve Vit E ile selenyumun birlikte verilmesinden sonra 5 gün süre ile oral yolla 50 mg/kg dozunda (~1/4 ED50) sipermetrin uygulamışlardır. Çalışma sonucunda sipermetrin uygulanan sıçanların MDA seviyesinin plazma hariç tüm dokularda, GPx aktivitelerinin karaciğer ve plazmada arttığı, CAT aktivitelerinin ise eritrosit hariç tüm dokularda azaldığı belirlenmiş ve Vit E'nin sipermetrin metabolizmasını değiştirerek oksidatif strese karşı koruyucu bir rol oynayabileceği gözlenmiştir.

Bu tez çalışmasında, 3 ay süre ile bioalletrin inhalasyonuna maruz kalan sıçanlardan elde edilen nörofarmakolojik, biyokimyasal, hematolojik ve histopatolojik değerlendirmeler sonucunda, memeliler için güvenli olduğu düşünülen bioalletrinin kronik toksik etkilere sahip olduğu ve etkili bir antioksidan olduğu düşünülen Vit E+selenyum ve Vit C'nin, bioalletrinin toksik etkilerine karşı koruyucu etki gösterdiği tespit edilmiştir. Vit C'nin koruyucu etkisi daha az iken, Vit E ve selenyum kombinasyonunun koruyucu etkisi daha fazla bulunmuştur. İnsanlarda Vit E plazma ve eritrositlerde bulunan, yağda eriyen ve zincir kıran tek antioksidandır (Burton ve ark., 1983). Vit C ise suda erir ve Vit E'den daha yavaş olarak peroksil radikallerini ortadan kaldırabilir (Busaua, 1990). Diğer yandan askorbat, özellikle demir ve H_2O_2 varlığında redoks reaksiyonlarına katılarak mikrozomal LPO'da prooksidan rol oynayabilir (Niki, 1987). Vit E, biyolojik membranlarda bulunur; hücreleri ve subselüler yapıları LPO'dan korur. Vit C ise hücre dışı yüzeyindeki serbest radikalleri uzaklaştırır (Kumar ve ark., 2004). Vit E, piretroidlerin uygulanmasını takiben oksidatif hasara karşı eritrosit plazma membranını koruyabilir. Halbuki Vit C, hidrofilik bölgede lokalize olduğu için etkili değildir (Gabbianelli ve ark., 2004).

Piretroidler, hidrofobik (Michelangeli et al., 1990) ve lipofilik yapıya sahip olmaları (Moya-Quiles ve ark., 1994; Moya-Quiles ve ark., 1996a; Moya-Quiles ve ark., 1996b; Narahashi ve ark., 1995; Narahashi, 1996;

Kakko ve ark., 2003; Narendra ve ark., 2007) nedeniyle geniş ölçüde biyolojik membranlara özellikle fosfolipit tabakaya bağlanırlar ve etkilerini büyük ölçüde biyolojik membranlarında gösterirler (Lee ve ark., 1991). Vit E ise membran lipit tabakasının doğal bir bileşenidir (Bermond,1990). Dolayısıyla serbest radikal oluşumunu inhibe eden Vit E (Numan ve ark., 1990), biyolojik sistemlerde LPO'nu etkili şekilde minimize edebilir (Packer ve Landvik, 1989; Jones ve ark., 1995; Kimmick ve ark., 1997). Vit E ve C kombinasyonunun, toksik maddeler (Altuntaş ve ark., 2002; Yavuz ve ark., 2004; Güney ve ark., 2007) ve organofosfat insektisitlerin sebep olduğu LPO'yu azaltabildiğine dair birçok çalışma vardır (Öğütçü ve ark., 2006; Kalender ve ark., 2007; Verma ve ark., 2007).

Piretroid toksisitesine karşı Vit E'nin koruyucu etkisi, insanlarda piretroidlerin neden olduğu anormal cilt hassasiyeti ya da paraestezi (Tucker ve ark., 1984) üzerindeki profilaktik ve tedavi edici etkisiyle ilişkili de olabilir (Flannigan and Tucker,1985). Çünkü Vit E, piretroidlerin oluşturduğu cilt paraestezisinin tedavisinde kullanılmaktadır. Cilt paraestezisinin duyu sinir sonlarının tekrarlayan uyarılmasından meydana geldiği bilinir (Vijverberg ve van den Bercken, 1990). Song ve Narahashi (1995) tarafından yürütülen bazı çalışmalarda Vit E'nin, normal sodyum kanallarını etkilemeksizin, doza bağlı olarak piretroidlerin modifiye ettiği sodyum kanallarını seçici olarak bloke ettiğini tespit etmişlerdir. Bu etkinin mekanizması tam olarak anlaşılmamasına rağmen, piretroid intoksikasyonunda Vit E'nin etkisinin, onun antioksidan ve hücre membranını stabilize edici özelliği nedeniyle olabileceği bildirilmiştir. Çünkü Kale ve ark (1999a) ile Giray ve ark (2001) piretroidlerin bir oksidan ya da serbest radikal gibi etki gösterdiklerini belirtmişlerdir. Selenyum ise GPx enziminin yapısına katılmasının yanında, Vit E aktivitesi için de gereklidir. Selenyumun Vit E ile yakın ilişkisi vardır.

Selenyum ve Vit E, antioksidan etkileri yönünden birbirlerini destekler tarzda davranırlar (Bayram, 2006).

Bu çalışmanın sonuçlarına göre;

1- Bioalletrin uygulaması davranış değişikliklerine yol açmış ve bu değişiklikler özellikle bioalletrin grubunda hiperaktivite, motor koordinasyonu bozukluğu ve dikkat eksikliği şeklinde görülmüştür. Vit C uygulanan grupta da hiperaktivite olmasına rağmen motor koordinasyonu bozukluğu ve dikkat eksikliği tespit edilmemiştir. Vit E+ selenyum uygulanan grupta ise önemli bir davranış bozukluğu belirtilerine rastlanmamıştır.

2- Biyokimyasal değerlendirmelere göre bioalletrin grubunda, lipit peroksidasyonu şekillendiği, GSH düzeyinin azaldığı, GPx enzimi aktivitesi düzeyinde hafif azalmalarla birlikte SOD ve CAT enzimi aktivitelerinde artışların olduğu ve bu değişikliklerin bioalletrin grubuna göre nispeten az olsa da Vit C+ bioalletrin grubunda da şekillendiği belirlenmiştir. Vit E+ selenyum uygulanan grupta ise biyokimyasal parametrelerde önemli bir değişiklik tespit edilmemiştir.

3- Hematolojik parametrelerden eritrosit, hemoglobin, hematokrit ve lökosit sayısı özellikle bioalletrin grubunda artarken, lenfosit, monosit, nötrofil, eozinofil ve bazofil yüzdelerindeki değişiklikler bioalletrin uygulanan tüm gruplarda belirlenmiştir.

4- Bioalletrin uygulamasının, özellikle bioalletrin grubundaki yavru sıçanların beyin ve karaciğerinde histopatolojik bozukluklara yol açtığı ve bu bozuklukların Vit C+ bioalletrin grubuna göre Vit E+ selenyum grubunda daha az şekillendiği saptanmıştır.

Sonuç olarak, yapılan bu tez çalışmasında sivrisineklerden korunmak için zararsız olduğu düşüncesiyle yaygın bir şekilde kullanılan ve bioalletrin içeren repellentlerin erişkin olmayanların değişik sistemlerinde kronik toksik etkilerinin olduğu, fakat bu etkileri azaltmada Vit E ve selenyum kombinasyonunun önemli rol oynadığı belirlenmiştir. Bu çalışmanın, bundan sonra yapılacak çalışmalara temel olacağı ve halk sağlığı açısından pratiğe katkı sağlayacağı düşünülmektedir.

Kaynaklar

Abdollahi M, Ranjbar A, Shadnia S, Nikfar S, Rezai A (2004). Pesticides and oxidative stres: a review. Med. Sci. Monit., 10, 141-147.

Abuja PM and Albertini R (2001). Methods for monitoring oxidative stress, lipid peroxidation and oxidation resistance of lipoproteins. Clin. Chim. Acta, 306, 1-17.

Adinolfi M (1985). The development of the human blood-CSF-brain barrier. Dev. Med. Child. Neurol., 27, 532-537.

Ahlbom J, Fredriksson A, Eriksson P (1994). Neonatal exposure to a type-I pyrethroid (bioallethrin) induces dose-response changes in brain muscarinic receptors and behaviour in neonatal and adult mice. Brain Res., 645, 318-24.

Ahmed RS, Seth V, Pasha ST, Banerjee BD (2000). Influence of dietary ginger (*Zingiber officinales*) on oxidative stress induced by malathion in rats. Food and Chemical Toxicology, 38, 443-450.

Akkuş İ (1995). Serbest Radikaller ve Fizyopatolojik Etkileri. Mimoza Yayınları, Konya.

Aldana L, Tsutsumi V, Craigmill A, Silveira MI, Mejia EG (2001). α- Tocopherol modulates liver toxicity of the pyrethroid cypermethrin. Toxicol. Letters, 125, 107-116.

Aldridge WN (1990). An assessment of the toxicological properties of pyrethroids and their neurotoxicity. Toxicology, 21, 89-104.

Allen RG and Tresini M (2000). Oxidative stress and gene regulation. Free Radical Biology Medicine, 28, 463-499.

Almar M, Otero L, Santos C, Gallego JG (1998). Liver glutathione content and glutathione-dependent enzymes of two species of freshwater fish as bioindicators of chemical pollution. Journal of Environmental Science and Health, 33, 769-783.

Alten B, Çağlar SS (1998). Vektör Ekolojisi ve Mücadelesi. T.C. Sağlık Bakanlığı Sağlık Projesi Genel Koord., Bizim Büro Basımevi, Ankara.

Altuntaş I, Delibaş N, Demirci M, Kılınç I, Tamer N (2002). The effects of methidathion on lipid peroxidation and some liver enzymes role of vitamins E and C. Arch. Toxicol., 76, 470-473.

Ambrosio G, Santoro G, Tritto I, Elia PP, Duilio C, Basso A, Scognamiglio A, Chiariello M (1992). Effects of ischemia and reperfusion on cardiac tolerance to oxidative stress. Am J. Physiol. Heart Circ. Physiol., 262, H23-H30.

Ames BN, Shigenaga MK, Hagen TM (1993). Oxidants, Antioxidants and the Degenerative Diseases of Aging. Proc. Natl. Acad. Sci., 90, 7915-7922.

Anonim (2009a). http://www.saglikbilgisi.gen.tr/bitlenme-pedikulozis.html. Erişim tarihi (19.01.2009)

Anonim (2009b). http://www.biyotip.com/sayfa.asp. Erişim tarihi (10.01.2009)

Anonim (2008a). www.frmtr.com/saglik-makaleleri/1669301-selenyum-ne-ise yarar.html. Erişim tarihi (11.04.2008).

Anonim (2008b). www.istahacici.net/selenyum-ve-kanserden-korunma. Erişim tarihi (29.10.2008)

Arosio B, Gagliano N, Fusaro LMP, Parmeggiani L, Tagliabue J, Galetti P, De Castri D, Moscheni C, Annoni G (2000). Aloe-emodin quinone pretreatment reduces acute liver injury induced by carbon tetrachloride. Pharmacol & Toxicol., 87(5), 229-233.

Ateşşahin A, Yılmaz A, Karahan İ, Piriçci İ, Taşdemir B (2005). The effects of vitamin E and selenium on cypermethrin-induced oxidative in rats. Turk J. Vet. Anim. Sci., 29, 385-391.

ATSDR (Agency for Toxic Substances and Disease Registry) (2003). Toxicological Profile for Pyrethrins and Pyrethroids (Draft for Public Comment) Atlanta, GA: U.S. Department of Health and Human Services, Public Health Service. http://www.atsdr.cdc.gov/toxprofiles/tp155.html.

Audegond L, Collas E and Fournex R (1984). Esbiothrin – primary dermal irritation study in the male rabbit. Sumitomo Document A95114, unpublished.

Aynacı Ersavaş A (2008). Oksidan stres ve antioksidan vitaminler. (http://www.tavsiyeediyorum.com). Erişim tarihi (31.01.2008).

Aziz MH, Agrawal AK, Adhami VM, Shukla Y, Seth PK (2001). Neurodevelopmental consequences of gestational exposure (GD14-GD20) to low dose deltamethrin in rats. Neurosci. Lett., 300,161-165.

Bagchi D, Bagchi M, Hassoun EA and Stohs SJ (1995). In vitro and in vivo generation of reactive oxygen species, DNA damage and lactate dehydrogenase leakage by selected pesticides. Toxicology, 104, 129-140.

Başağa H (1987). Proteinlerin radikaller tarafından inaktivasyonu ve antioksidan maddelerin rolü. Biyokimya Dergisi, 3, 25-33.

Bayram E (2006). erdalbayram.azbuz.com/readArticle.jsp?objectID. Erişim tarihi (06.11.2006)

Bermond P (1990). Biological Effects of Food Antioxidants, Chapter 6, in ''Food Antioxidants'' Editor, BJF Hudson, Elsevier Applied Sci., London, NY, USA.

Bernardi MM, Palermo-Neto J and De Souza H (1981). Effects of a single and long-term haloperidol treatment on open filed behaviour of rats. Psychopharmacology, 73, 171-175.

Beutler E, Duron O, Kelly BM (1963). Improved method for the determination of blood glutathione. J. Lab. Clin. Med., 61(5), 882-885.

Block G (1991). Vitamin C and cancer prevention: The epidemiologic evidence. American Journal of Clinical Nutrition, 53, 270S-282S.

Bloomquist JR, Adams PM, Soderlund DM (1986). Inhibition of gamma aminobutyric acid-stimulated chloride flux in mouse brain vesicles by polychloroalkane and pyrethroid insecticides. Neurotoxicology, 7, 11-20.

Bradbury SP and Coats JR (1989). Comparative toxicology of pyrethroid insecticides. Rev. Environ. Contam. Toxicol., 108, 133-177.

Briassoulis G, Narlioglou M, Hatzis T (2001). Toxic encephalopathy associated with use of DEET insect repellents: a case analysis of its toxicity in children. Human Exp. Toxicol., 20, 8-14.

Brodie ME and Opacka J (1985). Dissociation between circling behaviour and striatal dopamine activity following unilateral deltamethrin administration to rats. Naunyn Schmiedebergs Arch. Pharmacol., 331(4), 341-346.

Brooks MW and Clark JM (1987). Enhancement of norepinephrine release from rat-brain synaptosomes by alpha-cyano pyrethroids. Pestic. Biochem. Physiol., 28, 127-39.

Burdge GC and Postle AD (1995). Phospholipid molecular species composition of developing fetal guinea pig brain. Lipids, 30, 719-724.

Burton GW, Joyce A, Ingold KV (1983). Is vitamin E the only lipid soluble, chain breaking antioxidant in human blood plasma and erythrocyte membranes?. Arch. Biochem. Biophys., 221, 285-90.

Busaua FIS (1990). Biochemical aspects of free radicals. Biochem. Cell Biol., 68, 989-98.

Cantalamessa F (1993). Acute toxicity of two pyrethroids, permethrin and cypermethrin in neonatal and adult rats. Arch. Toxicol., 67, 510-513.

Carlson JE and Villaveces JW (1977). Hypersensitivity pneumonitis due to pyrethrum: Report of a case, JAMA., 237(16), 1718-19.

Casida JE (1980). Pyrethrum flowers and pyrethroid insecticides. Environmental Health Perspect., 34, 189-202.

Casida JE, Gammon DW, Glickman AH, Lawrence LJ (1983). Mechanisms of selective action of pyrethroid insecticides. Ann. Rew. Pharmacol. Toxicol., 23, 413-438.

Casida JE and Quistad GB (2004). Why insecticides are more toxic to insect than people: The Unique Toxicology of Insects. J. Pestic. Sci., 29, 81-86.

Ceconi C, Boraso A, Cargnoni A, Ferrari R (2003). Oxidative stres in cardiovascular disease: myth or fact? Archives of Biochemistry and Biophysics, 420(2), 217-221.

Chanh PH, Navarro-Delmasure C, Chanh APH , Cheav SL, Ziade F and Samaha F (1984). Pharmacological effects of deltamethrin on the central nervous system. Arzneim-Forsch, 34(2), 175-181.

Chaudiere J and Ferrai-iliou R (1999). Intracellular antioxidants: from chemical to biochemical mechanism. Food and Chemical Toxicology, 37, 949-962.

Cheeseman KH and Slater TF (1993). An introduction to free radical biochemistry. Br. Med. Bull., 49(3), 481-93.

Chen S, Zhang Z, He F, Yao P, Wu Y, Sun J, Liu L and Li Q (1991). An epidemiological study on occupational acute pyrethroid poisoning in cotton farmers. Br. J. Ind. Med., 48, 77-81.

Cheng V, Lee HR, Chen CS (1992). Morphological changes in the respiratory system of mice after inhalation of mosquito coil smoke. Toxicol. Letters, 62(2-3), 163–177.

Clandinin MT (1999). Brain development and assessing the supply of polyunsaturated fatty acid. Lipids, 34, 131-137.

Clemens MC and Waller HD (1987). Lipid peroxidation in erythrocytes. Chem. Phys. Lipids, 45, 251-268.

Coats JR (1990). Mechanism of toxic action and structure-activity relationships for organochlorine and synthetic pyrethroid insecticides. Environ. Health Perspect., 87, 255-262.

Crawford MJ (1981). The metabolism of pyrethroids insecticides in rats: Excreted Metabolites. Pestic. Sci., 12, 399-411.

Cross CE, Halliwell B, Borish ET, Pryor WA, Ames BN, Saul RL, McCord JM, Harman D (1987). Oxygen radicals and human disease. Ann. Intern. Med., 107, 526-45.

Delen N, Durmuşoğlu E, Güncan A, Güngör N, Turgut C, Burçak A (2005). Türkiye'de Pestisid Kullanımı, Kalıntı ve Duyarlılık Azalışı Sorunları. TMMOB Ziraat Mühendisleri 6. Teknik Kongresi, 3-7 Ocak 2005, Ankara.

Deneke SM and Fanburg BL (1989). Regulation of cellular glutathione. Am. J. Physiol., 257, L163-L173.

Devaud LL, Szot P, Murray TF (1986). PK-11195 Antagonism of pyrethroid-induced proconvulsant activity. Eur. J. Pharmacol., 121, 269-273.

Dexter DT, Brooks DJ, Harding AE, Burn DJ, Muller DP, Goss-Sampson MA, Jenner PG, Marsden CD (1994). Nigrostriatal function in vitamin E deficiency: clinical, experimental and positron emission tomographic studies. Annals of Neurology., 35(3), 298-303.

Diel F, Detscher M, Schock B, Ennis M (1998). In vitro effects of the pyrethroid S-bioallethrin on lymphocytes and basophils from atopic and nonatopic subjects. Allergy, 53(11), 1052-9.

Djordjevic VB (2004). Free radicals in cell biology. Internal Review of Cytology, 237, 57-89.

Doğruman H, Cerit H, Uzunören N, Taşkın E (2000). Sıçanlarda (genç erişkin) esbiothrin'in solunum yoluyla uygulanmasının bazı enzim düzeyler üzerine etkileri. İst. Üni. Veteriner Fak. Dergisi, 2, makale 23.

Doherty JD, Morii N, Hiromori T, Ohnishi J (1986). Pyrethroids and the striatal dopaminergic system in vivo. Comp. Biochem. Physiol., 91, 371-375.

Dringen R (2000). Metabolism and functions of glutathione in brain. Progress in Neurobiology, 62, 649-671.

Duce IR, Khan TR, Green AC, Thompson AJ, Warburton SPM, Wong J (1999). Calcium channels in insects, in ''Progress in Neuropharmacology and Neurotoxicology of Pesticides and Drugs'' Editor, JD Beadle, 56–66, Royal Society of Chemistry, Cambridge.

Dukes HH (1955): The Physiology of Domestic Animals. Comstoek Publishing Company, New York.

Dunham NW and Miya TS (1957). A note on a simple apparatus for detecting neurological deficit in rats and mice. J. Am. Pharm. Assoc. (Baltim), 46, 208-209.

Dündar Y, Aslan R (2000). Hekimlikte Oksidatif Stres ve Antioksidanlar. Afyon Kocatepe Üniversitesi Yayınları, Afyon.

Ecobichon DJ (1996). Pesticides, in ''Casarett and Doull's Toxicology. The basic science of poisons'' Editor, CD Klaassen, 643-89, New york, McGraw-Hill.

Ecobichon DJ and Robert MJ (1982). Pesticides and neurological diseases. CRC pres ınc.

El-Demerdash FM, Yousef MI, Kedwany FS, Baghdadi HH (2004). Role of alpha-tocopherol and beta-carotene in ameliorating the fenvalerate-induced changes in oxidative stress, hemato-biochemical parameters and semen quality of male rats. Journal of environmental science and health, Part. B, Pesticides, food contaminants, and agricultural wastes, 39(3), 443-59.

Elliott M, Farnham AW, Janes NF and Soderlund DM (1978). Insecticidal activity of pyrethrins and related compounds: Part II. relative potencies of isomeric cyano-substituted 3-phenoxybenzyl esters. Pestic. Sci., 9, 112-116.

Elliott M (1995). Chemicals in insect control, in ''Pyrethrum Flowers: Production, Chemistry, Toxicology and Uses'' Editors, JE Casida, GB Quistad, 3–31, Oxford University Press, New York.

Elwan MA, Richardson JR, Guillot TS, Caudle WM and Miller GW (2005). Pyrethroid pesticide-induced alterations in dopamine transporter function. Toxicol. Appl. Pharmacol., 211 (3), 188-197.

Enan E and Matsumura F (1993). Activation of phosphoinositide protein-kinase-c pathway in rat-brain tissue by pyrethroids. Biochem. Pharmacol., 45, 703-710.

EPA (1991). Data evaluation record: Esfenvalerate: Subchronic oral toxicity (90-day) mouse. US Environmental Protection Agency. Office of Pesticide Programs. Tox review 008967 (excerpt).

Erdoğan F, Gölgeli A, Arman F (2004). The effects of pentylenetetrazole-induced status epilepticus on behavior, emotional memory and learning in rats. Epilepsy&Behavior, 5, 388-393.

Eriksson P and Nordberg A (1990). Effects of two pyrethroids, bioallethrin and deltamethrin, on subpopulations of muscarinic and nicotinic receptors in the neonatal mouse brain. Toxicol. Appl. Pharmacol., 102, 456-63.

Eriksson P and Fredricksson A (1991). A neurotoxic effect of two different pyrethroids, bioallethrin and deltamethrin on immature and adult mice. Toxicol. Appl. Pharmacol., 108, 78-85.

Eriksson P, Johansson U, Ahlbom J, Fredriksson A (1993). Neonatal exposure to DDT induces increased susceptibility to pyrethroid (bioallethrin) exposure at adult age-changes in cholinergic muscarinic receptor and behavioural variables. Toxicology, 77, 21-30.

Eriksson P (1997). Developmental neurotoxicity of environmental agents in the neonate. Neurotoxicology, 18, 719–726.

Eriksson P, Viberg H, Jakobsson E and Fredriksson A (2002). A brominated flame retardant 2,2′,4,4′,5-pentabromodiphenyl ether: uptake, retention and induction of neurobehavioural alterations in mice during a critical phase of neonatal brain development. Toxicol. Sci., 67, 98-103.

Ertem Bölükbaşı Z (2006): www.sosyal-fobi.net/forum. Erişim tarihi (23.11.2006)

Estrela JM, Ortega A, Obrador E (2006). Glutathione in cancer biology and therapy. Critical Reviews in Clinical Laboratory Sciences, 43, 143-181.

Faulder CG and Pamela AH (1990). Vitamin E in biological systems. Antiox. Ther. Preven. Med., 3, 234.

Fetoui H, Garoui EM, Zeghal N (2008). Lambda-cyhalothrin-induced biochemical and histopathological changes in the liver of rats: Ameliorative effect of ascorbic acid. Exp. Toxicol. Pathol. 61(3), 189-96.

Flannigan SA and Tucker SB (1985). Variation in cutaneous sensation between synthetic pyrethroid insecticides. Contact Dermatitis, 13, 140-7.

Forshaw PJ and Bradbury JE (1983). Pharmacological effects of pyrethroids on the cardiovascular-system of the rat. Eur. J. Pharmacol., 91, 207-213.

Forshaw PJ and Ray DE (1990). A novel action of deltamethrin on membrane resistance in mammalian skeletal-muscle and non-myelinated nerve-fibers. Neuropharmacology, 29, 75-81.

Forshaw PJ and Ray DE (1993). Voltage-dependent chloride channel in NIE115 neuroblastoma-cells is inactivated by protein-kinase-c and also by the pyrethroid deltamethrin. J. Physiol., 467, 252.

Forshaw PJ, Lister T, Ray DE (1993). Inhibition of a neuronal voltage-dependent chloride channel by the type-II pyrethroid, deltamethrin. Neuropharma, 32, 105-111.

Forshaw PJ, Lister T and Ray DE (2000). The role of voltage-gated chloride channels in type II pyrethroid insecticide poisoning. Toxicol. Appl. Pharmacol., 163, 1-8.

Franciolini F and Petris A (1990). Chloride channels of biological membranes. Biochim Biophys Acta, 1031, 247-259.

Fridovich I (1973). Superoxide Radical and Superoxide Dismutase. Biochem. Soc. Trans., 1, 48.

Fridovich I (1975). Superoxide dismutases. Annu. Rev. Biochem., 44, 147.

Fujitani T, Tada Y, Noguchi AT, Yoneyama M (1997). Hemotoxicity of chlorpropham (CIPC) in F344 rats. Toxicology, 123(1-2), 111-24.

Gabbianelli R, Falcioni G, Nasuti C and Cantalamessa F (2002). Cypermethrin-induced plasma membrane perturbation on erythrocytes from rats: reduction of fluidity in the hydrophobic core and in glutathione peroxidase activity. Toxicology, 175, 91-101.

Gabbinelli R, Nasuti C, Falconi G, Cantalamessa F (2004). Lymphocyte DNA damage in rats exposed to pyrethroids: Effect of supplementation with vitamins E and C. Toxicology, 203, 17-26.

Gaby SK and Singh VN (1991). Vitamin C, in ''Vitamin intake and health. A scientific review'' Editors, SK Gaby, A Bendich, VN Singh, LJ Machlin, 103-161, New York, Marcel Dekker Inc.

Garba SH, Shehu MM, Adelaiye AB (2007). Toxicological effects of inhaled mosquito coil smoke on the rat spleen: A haematological and histological study. Journal of Medical Sciences, 7(1), 94-99.

Garg SK, Gupta RV, Varshneya C (1992). Toxicological profile of fluvalinate-A synthetic pyrethroid. Indian J. Pharmacol., 24, 154-157.

Garg SK, Ayub Shah MA, Garg KM, Farooqui MM, Sabir M (1997). Biochemical and physiological alterations following short term exposure to fluvalinate-A synthetic pyrethroid. Indian Journal of Pharmacology, 29(4), 250-254.

Gilgun-Sherki Y, Melamed E, Offen D (2001). Oxidative stres induced neurodegredative diseases: the needs for the antioxidants the penetrate the blood brain barrier. Neuropharmacology, 40, 959-975.

Gillette JS and Bloomquist JR (2003). Differential up-regulation of striatal dopamine transporter and alpha-synuclein by the pyrethroid insecticide permethrin. Toxicol. Appl. Pharmacol., 192(3), 287-293.

Giray B, Gürbay A, Hincal F (2001). Cypermethrin-induced oxidative stress in rat brain and liver is prevented by vitamin E or allopurinol. Toxicol. Lett., 118, 139-146.

Grajeda-Cota P, Ramirez-Mares MV, Gonzalez de Mejia E (2004). Vitamin C protects against in vitro cytotoxicity of cypermethrin in rat hepatocytes. Toxicol. In Vitro, 18, 13-19.

Gray AJ (1985). Pyrethroid structure-toxicity relationships in mammals. Neurotoxicology, 6, 127-137.

Gregory E, Goscin S, Fridovich I (1974). Superoxide Dismutase and Oxygen Toxicity in a Eukaryote. J. Appl. Bacteriol., 117, 456.

Griggs MP, Jefferson ND, Blair M, Spicer EJF (1982). Bioallethrin. 6-month dietary toxicity study in dogs. IRDC Mattawan, Michigan, 69 pp (Report No. IRDC-BA-406.034/A) (Unpublished proprietary data supplied by Roussel Uclaf).

Gupta A, Agarwal R, Shukla GS (1999a). Functional impairment of blood-brain barrier following pesticide exposure during early development in rats. Hum. Exp. Toxicol., 18, 174-179.

Gupta A, Nigam D, Gupta A, Shukla GS, Agrawal AK (1999b). Effect of pyrethroid based liquid mosquito repellent inhalation on the blood–brain barrier function and oxidative damage in selected organs of developing rats. J. Appl. Toxicol., 19, 67-72.

Gupta A, Agarwal R, Shukla GS (2000). Effect of quinalphos and cypermethrin exposure on developing blood-brain barrier: role of nitric oxide. Environmental Toxicology and Pharmacology, 8, 73-78(6).

Gutteridge JM (1995). Lipid peroxidation and antioxidants as biomarkers of tissue damage. Clin Chem., 41, 1819-28.

Guzelian PS, Henry CJ, Olin SS (1992). Similarities and differences between children and adults: Implications for risk assessment. International Life Sciences Institute Pres, Washington, DC.

Gümrükçüoğlu A (2008). Serbest Radikaller. http://www.genetikbilimi.com/gen/ serbest _ radikaller. Htm. Erişim tarihi (19.04.2008).

Güney M, Oral B, Take G, Giray SG, Mungana T (2007). Effect of fluoride intoxication on endometrial apoptosis and lipid peroxidation in rats: role of vitamins E and C. Toxicology, 231, 215-223.

Hagiwara N, Irisawa H, Kameyama M (1988). Contribution of two types of calcium currents to the pacemaker potentials of rabbit sino-atrial node cells. J. Physil. (Lond), 395, 233-253.

Hall CS (1936). Emotional behavior in the rat. III. The relationship between emotionality and ambulatory activity. J. Comp. Physiol. Psychol., 22, 345-352.

Halliwel B and Gutteridge JMC (1990). Role of free radicals and catalytic metal ions in human disease: An overview. Methods Enzymology, 186, 1-85.

Halliwell B and Gutteridge JMC (1999). Free radicals in biology and medicine, Third edition, Oxford University Press, New York, USA.

Haratym-Maj A (2002). Hematological alteration after pyrethroids in mice. Annu. Agric. Environ. Med., 9(2), 199-206.

Hardy CJ, Jackson GC, Lewis DJ and Gopinath C (1984). Esbiothrin (RU 27436). Acute inhalation toxicity in rats 4-hour exposure, Huntingdon, United Kingdom, Huntingdon Research Centre, 118 pp (Report No. RSL-EBT-84.470/A) (Unpublished proprietary data supplied by Roussel Uclaf).

Hayes WJ (1982). Pesticides derived from plants and other organisms, in 'Pesticides studies in man' Editors, WJ Hayes (Baltomore: Williams and Winkins), 75-111.

Heder AF, Hirsch-Ernst KI, Baurer D, Kahl GF, Desel H (2001). Induction of cytocrome P450 2B1 by pyrethroids in primary rat hepatocyte cultures. Biochem. Pharmacology, 62, 71-79.

Hemming H, Flodström S and Wärngard L (1993). Enhancement of altered hepatic foci in rat liver and inhibition of intercellular communication in vitro by the pyrethroid insecticides fenvalerate, flucythrinate and cypermethrin. Oxford University Press., 14, 2531-2535.

Henderson M (2008). Pyrethrin chemicals in pet shampoo may increase autism risk. Times online.

Higashi T, Kawamata F, Sakamoto T (1974). Studies on Rat Liver Catalase. VII. Double-Labeling of Catalase by 14C-Leucine and 3H-d- Aminolevulinic Acid. J. Biochem., Tokyo, 76, 703-708.

Hildebrand ME, McRory JE, Snutch TP, Stea A (2004). Mammalian voltage-gated calcium channels are potently blocked by the pyrethroid insecticide allethrin. J. Pharmacol. Exp. Ther., 308, 805-813.

Hoffman DJ (2002). Role of selenium toxicity and oxidative stress in aquatic birds. Aqua. Toxicol., 57, 11-26.

Holene E, Nafstad I, Skaare JU, Bernhoft A, Engen P, Sagvolden T (1995). Behavioral effects of pre- and postnatal exposure to individual polychlorinated biphenyl congeners in rats. Environmental Toxicology and Chemistry, 14, 967-976.

Holene E, Nafstad I, Skaare JU, Sagvolden T (1998). Behavioural hyperactivity in rats following postnatal exposure to sub-toxic doses of polychlorinated biphenyl congeners 153 and 126. Behavioural Brain Research, 94, 213-224.

Holloway SF, Salgado VL, Wu CH, Narahashi T (1989). Kinetic properties of single sodium channels modified by fenvalerate in mouse neuroblastoma cells. Pflugers, Arch., 414, 613-621.

Hossain MM, Suzuki T, Sato I, Takewaki T, Suzuki K, Kobayashi H (2004). The modulatory effect of pyrethroids on acetylcholine release in the hippocampus of freely moving rats. Neurotoxicology, 25, 825-833.

Hsu P-C, Liu M-Y, Hsu C-C, Chen L-Y, Guo YL (1998). Effects of vitamin E and/or C on reactive oxygen species-related lead toxicity in the rat sperm. Toxico., 128, 169-179.

Husain R, Malaviya M, Seth PK, Husain R (1992). Differential responses of regional brain polyamines following in utero exposure to synthetic pyrethroid insecticides: a preliminary report. Bull Environ. Contam. Toxicol., 49, 402-409.

Husain R, Malaviya M, Seth PK, Husain R (1994). Effect of deltamethrin on regional brain polyamines and behaviour in young rats. Pharmacol. Toxicol., 74, 211-215.

Husain R, Husain R, Adhami VM, Seth PK (1996). Behavioral, neurochemical, and neuromorphological effects of deltamethrin in adult rats. J. Toxicol. Environ. Health., 48(5), 515-26.

Hussein YA, El-Ashmanwy IM, El-swak AA (1993). Effects of exposure to pyrethroid insecticide repellent matox on albino rats. Egyptian J. Comp. Path. Clinic. Path., 6(1), 175-188.

IPCS (1992). International Programme on Chemical Safety. Alpha-cypermethrin. Environmental Health Criteria, 142, Geneva, World Health Organization.

Ishmael J and Litchfield MH (1988). Chronic toxicity and carcinogenic evaluation of permethrin in rats and mice. Fundam. Appl. Toxicol., 11, 308-322.

Johansen EB, Aase H, Meyer A, Sagvolden T (2002). Attention-deficit/hyperactivity disorder (ADHD) behavior explained by dysfunctioning reinforcement and extinction processes. Behav. Brain Res., 130, 37-45.

Johanson CE (1980). Permeability and vascularity of the developing brain: Cerebellum vs cerebral cortex. Brain Res., 190, 3-16.

Johansson U, Fredriksson A, Eriksson P (1995). Bioallethrin causes permanent changes in behavioural and muscarinic acetylcholine receptor variables in adult mice exposed neonatally to DDT. Eur. J. Pharmacol., 293, 159-66.

Jones DP, Kagan VE, Aust SD, Reed DJ, Omaye ST (1995). Impact of nutrients on cellular lipid peroxidation and antioxidant defense system. Fund. Appl. Toxic., 26, 1-7.

Jones GL and Masters CJ (1976). On the comparative characteristics of mammalian catalases. Biochemistry and Molecular Biology, 55(4), 511-518.

Kadota T (1972). 90-day subacute toxicity study of Pynamin Forte on rats. Takarazuka, Research Department, Pesticide Division, Sumitomo Chem. Co., Ltd (Technical Report No. KT-70-0006) (Proprietary data made available by Sumitomo Chemical Co., Ltd).

Kakko I, Toimela T, Tahti H (2003). The synaptosomal membrane bound ATPase as a target for neurotoxic effects of pyrethroids, permethrin and cypermethrin. Chemosphere, 51(6), 475-480.

Kakko I (2004). Toxic mechanisms of pyrethroids studied in vitro. Academic Dissertation, Finland, Acta Universitatis Tamperensis, 1018.

Kale M, Rathore N, John S, Bhatnager D (1999a). Lipid peroxidative damage on pyrethroid exposure and alteration in antioxidant status in rat erythrocytes: a possible involvement of reactive oxygen species. Toxicol. Lett., 105, 197-205.

Kale M, Rathore N, John S, Bhatnagar D, Nayyar SS, Kothari V (1999b). The protective effect of vitamin E in pyrethroid-induced oxidative stress in rat tissues. Journal of Nutritional & Environmental Medicine, 9, 281-287(7).

Kalender S, Kalender Y, Ogutcu A, Uzunhisarcikli M, Durak D, Açıkgöz F (2002). Endosulfan-induced cardiotoxicity and free radical metabolism in rats: the protective effect of vitamin E. Toxicology, 202(3), 227-235.

Kalender S, Kalender Y, Durak D, Ogutcu A, Uzunhisarcikli M, Cevrimli BS, Yıldırım M (2007) Methyl parathion induced nephrotoxicity in male rats and protective role of vitamins C and E. Pestic Biochem Phys., 88(2), 213-218.

Kaneko H, Ohkawa H, Miyamoto J (1981). Comparative metabolism of fenvalerate and the (2S, alfaS)-isomer in rats and mice. J. Pestic. Sci., 6, 317-326.

Karen DJ, Li W, Harp PR, Gillette JS, Bloomquist JR (2001). Striatal dopaminergic pathway as a target for the insecticides permethrin and chlorpyrifos. Neurotoxicology, 22(6), 811-817.

Kavas GÖ (1989). Serbest radikaller ve organizma üzerine etkileri. Türkiye klinikleri derg., 9(1), 1-8.

Kaya S, Pirinçci İ, Bilgili A (1998). Veteriner Hekimliğinde Toksikoloji. Medisan Yayın Serisi:35, Ankara.

Kehrer JP (1993). Free radical as mediator of tissue injury and disease. Crit. Rew. Toxicol., 23(1), 21-48.

Kelly SA, Havrilla CM, Brady TC, Abramo KH, Levin ED (1998). Oxidative stres in toxicology: established mammalian and emerging piscine model systems. Environmental Health Perspectives, 106, 1-24.

Kim IY, Shin JH, Kim HS, Lee SJ, Kang IH, Kim TS, Moon HJ, Chol KS, Moon A, Han SY (2004). Assessing estrogenic activity of pyrethroid insecticides using in vitro combination assays. Journal of reproduction and development, 50(2), 245-255.

Kimmick GG, Bell RA, Bostick RM (1997). Vitamin E and breast cancer: a review. Nutr. Cancer, 27(2), 109-117.

Klaassen CD, Amdur MO, Doull J (1996). Casarette and Doull's Toxicology. The Basic Science of Poisons (5th ed.). Toronto, McGraw-Hill Companies, Inc.

Klaassen CD (1985). Nonmetalic environmental toxicants: Air pollutants, solvents and vapor and pesticides, in ''Goodman and Gilman's The Pharmacological Basis of Theraupatics'' Editors, AG Gilman, LS Goodman, TW Rall, F Murad, MacMillan Publishing Company, New York.

Konuk T (1981). Pratik Fizyoloji. Ankara Üniv. Vet Fak Yay., Ankara.

Krieger RI, Dinoff TM, Zhang X (2003). Octachlorodipropyl ether (S-2) mosquito coils are inadequately studied for residential use in Asia and Illegal in the United States. Environ. Health Perspect., 111, 1439-1442.

Kumar JS, Banudevi S, Sharmila M, Murugesan P, Srinivasan N, Balasubramanian K, Aruldhas MM, Arunakaran J (2004). Effects of vitamin C and E on PCB (Arochlor 1254) induced oxidative stress, androjen binding protein and lactate in rat sertoli cells. Reprod. Toxicol., 19, 201-208.

Lajtha A and Dunlop D (1981). Mini review-turnover of protein in the nervous system. Life Sci., 29, 755-767.

Lanir A and Schejter A (1975). On the Sixth Coordination Position of Beef Liver Catalase. FEBS Lett., 55(1), 254.

Lavelle F, Michelson A, Dimitrijevic L (1973). Biological Protection by Superoxide Dismutase. Biochem. Biophys. Res. Commun., 55(2), 350-357.

Lawrence LJ and Casida JE (1982). Pyrethroid toxicology: mouse intracerebral structure-toxicity relationships. Pestic. Biochem. Physiol., 18, 9-14.

Lazarini CA, Florio JC, Lemonica IP, Bernardi MM (2001). Effects of prenatal exposure to deltamethrin on forced swimming behavior, motor activity, and striatal dopamine levels in male and female rats. Neurotoxicol. Teratol., 23, 665-673.

LeBoeuf RA, Zentner KL, Hoekstra WG (1985). Effect of dietary selenium concentration and duration of selenium feeding on hepatic glutathione concentrations in rats. Proc. Soc. Exp. Biol. Med., 180, 348-352.

Lee A, East J, Balagaug P (1991). Interactions of insecticides with biological membranes. Pestic Sci., 32, 317-327.

Lieben CKJ, Oorsouw K, Deutz NEP, Blokland A (2004). Acute tryptophan depletion induced by a gelatin-based mixture impairs object memory but not affective behavior and spatial learning in the rat. Behavioural Brain Research, 151, 53-64.

Litchfield MH (1985). Toxicity to mammals, in ''the pyrethroid insecticides'' Editor, JP Leahy, 99-141, London.

Liu WK and Wong MH (1987). Toxic effects of mosquito coil (a mosquito repellent) smoke on rats: II. Morphological changes of the respiratory system. Toxicol. Lett., 39, 231-239.

Liu WK and Sun SE (1988). Ultrastructural changes of tracheal epithelium and alveolar macrophages of rats exposed to mosquito coil smoke. Toxicol. Letters, 41, 145-157.

Liu GP and Shi N (2006). The inhibitory effects of deltamethrin on dopamine biosynthesis in rat PC12 cells. Toxicol. Lett., 161, 195-199.

Lunec J, Blake D (1990). Oxygen Free Radicals: Their relevance to disease processes, in ''The Metabolic and Moleculer Basis of Acquired Disease'', editors, RD Cohen, B Lewis, KGMM Albert, Balliere Tindall, 189-212, London.

Luty S, Latuszyńska J, Obuchowska-Przebirowska D, Tokarska M, Haratym-Maj A (2000). Subacute toxicity of orally applied alpha-cypermethrin in Swiss mice. Annals of Agricultural and Environmental Medicine, 7(1), 33-41.

Macdonald RL and Olsen RW (1994). $GABA_A$ receptor channels. Annu. Rev. Neurosci., 17, 569-602.

Madden KS, Sanders VM, Felten DL (1995). Catecholamine influences and sympathetic neural modulation of immune responsiveness. Annual Review of Pharmacology and Toxicology, 35, 417-448.

Maiti PK, Kar A, Gupta P, Chaurasia SS (1995). Loss of membrane integrity and inhibition of type-I iodothyronine 5′-monodeiodinase activity by fenvalerate in female mouse. Biochem. Biophys. Res. Commun., 214, 905-909.

Makes HS, Weiss C, Silides DJ, Cohen G (1981). Coupling of dopamine oxidation (monoamine oxidase activity) to glutathione oxidation via the generation of hydrogen peroxide in rat brain homogenates. J. Neurochem., 36, 589-593.

Malaviya M, Husain R, Seth PK, Husain R (1993). Perinatal effects of two pyrethroid insecticides on brain neurotransmitter function in the neonatal rat. Vet. Hum. Toxicol., 35, 119-122.

Mani U, Prasad AK, Sureshkumar V, Kumar P, Lal K, Maji BK, Dutta KK (2004). Hepatotoxic alterations induced by subchronic exposure of rats to formulated fenvalerate (20% EC) by nose only inhalation. Biomed. Environ. Sci., 17, 309-314.

Manna S, Bhattacharyya D, Mandal TK (2004a). Single oral dose toxicity study of alfa-cypermethrin in rats. Indian J. Pharmacol., 36, 25-8.

Manna S, Bhattacharyya D, Mandal TK, Das S (2004b). Repeated dose toxicity of alfa-cypermethrin in rats. J. Vet. Sci., 5(3), 241-245.

Manna S, Bhattacharyya D, Mandal TK, Dey S (2005). Neuropharmacological effects of alfa-cypermethrin in rats. Indian J. Pharmacol., 37, 18-20.

Manna S, Bhattacharyya D, Mandal TK, Dey S (2006). Neuropharmacological effects of deltamethrin in rats. J. Vet. Sci., 7(2), 133-136.

Mansee AH (2003). Long Term Effects of two smoke mosquito tablets on hematological and biochemical characteristics of rat blood. Alexandria Journal of agricultural Research, 48(3), 155-162.

Mates JM (2000). Effects of antioxidant enzymes in the molecular control of reactive oxygen species toxicology. Toxicology, 153, 83-104.

Mauck WL, Olson LE, Marking LL (1976). Toxicity of natural pyrethroids and five pyrethroids to fish. Arch. environ. Contam. Toxicol., 4, 18-29.

Meier-Bratschi A, Lutz WK, Schlatter C (1983). Methylation of liver DNA of rat and mouse by N-nitrosodimethylamine formed in vivo from dimethylamine and nitrite. Food Chem. Toxicol., 21(3), 285-9.

Meisenzahl EM, Schmitt GJ, Scheuerecker J, Möller HJ (2007). The role of dopamine for the pathophysiology of schizophrenia. Int. Rev. Psychiatry, 19, 337-345.

Meister A (1983). Selective modification of glutathione metabolism. Science, 220, 472-477.

Meister A and Anderson ME (1983). Glutathione. Ann. Rev. Biochem., 52, 711-760.

Meister A (1994). Glutathione, ascorbate and cellular protection. Cancer Res. Suppl., 54, 1969-1975.

Meram İ, Aktaran Ş (2002). Serbest radikallerin biyomoleküller üzerine etkileri. Çukurova Üniversitesi Tıp Fakültesi Arşiv Kaynak Tarama Dergisi, 3, 299-304.

Mercan U (2004). Toksikolojide serbest radikallerin önemi. Yüzüncü Yıl Üniversitesi, Veterinerlik Fakültesi Dergisi., 15(1-2), 91-96.

Michelangeli F, Robson MJ, East JM, Lee AG (1990). The conformation of pyrethroids bound to lipid layers, Biochemica et Biophysica Acta, 1028, 49-57.

Mitsche T, Borck H, Horr B, Bayas N, Hoppe HW, Diel F (2000). Pyrethroid syndrom in animal keper. Allergy (Copenhagen), 55(1), 93-94.

Miyamoto J (1976). Degradation and metabolism and toxicity of synthetic pyrethroids. Environ. Health Perspect., 14, 15-28.

Mollace V, Lannone M, Muscoli C, Palma E, Granato T, Rispoli V, Nistico R, Rotiroti D, Salvemini D (2003). The role of oxidative stress in paraquat-induced neurotoxicity in rats: protection by non peptidyl superoxide dismutase mimetic. Neurosci. Lett., 335, 163-166.

Moniz AC, Bernardi MM, Souza-Spinosa HS, Palermo-Neto J (1990). Effects of exposure to a pyrethroid insecticide during lactation on the behavior of infant and adult rats. Braz J. Med. Biol. Res., 23, 45-48.

Morris S (1997). Summary of toxicology data esbiothrin. DPR Medical Toxicology.

Morselli PL, Franco-Morselli R, Bossi L (1980). Clinical pharmacokinetics in newborns and infants: Age-related differences and therapeutic implications. Clin. Pharmacokin., 5, 485-527.

Moslen MT (1994). Reactive oxygen species in normal physiology, cell injury and phagocytosis. Advances in Experiments in Medicinal Biology, 366, 17-27.

Motomura H and Narahashi T (2001). Interaction of tetramethrin and deltamethrin at tha single sodium channel in rat hippocampal neurons. Neurotoxicology, 22, 329-339.

Moya-Quiles MR, Munoz-Delgado E, Vidal CJ (1994). Interactions of the pyrethroid insecticide allethrin with liposomes. Arch. Biochem. Biophys., 312, 95-100.

Moya-Quiles MR, Munoz-Delgado E, Vidal CJ (1996a). Effect of the pyrethroid insecticide permethrin on membrane fluidity. Chem. Phys. Lipids, 79, 21-28.

Moya-Quiles MR, Munoz-Delgado E, Vidal CJ (1996b). The pyrethroid insecticide deltamethrin modifies the thermotropic properties and lipid packing order of model membranes. Chem. Phys. Lipids, 83, 61-69.

Mueller-Beilschmidt D (1990). Toxicology and environmental fate of sythetic pyrethroids. Journal of Pesticide Reform., 10(3), 32-37.

Muthuviveganandavel V, Muthuraman P, Muthu S, Srikumar K (2008): A study on low dose cypermethrin induced histopathology, lipid peroxidation and marker enzyme changes in male rat. Pesticide Biochemistry and Physiology, 91, 12-16.

Müftüoğlu O (2003). Yaşasın hayat. Doğan Kitapçılık, İstanbul.

Nappi AJ and Vass E (1997). Comparative studies of enhanced iron-mediated production of hydroxyl radical by glutathione, cysteine, ascorbic acid, and selected catechols. Biochimica et biophysica acta, 1336(2), 295-302.

Narahashi T (1985). Nerve membrane ionic channels as the primary target of pyrethroids. Neurotoxicology, 6(2), 3-22.

Narahashi T, Frey JM, Ginsburg KS, Nagata K, Roi ML, Tatebayashi H (1995). Sodium channels and γ-aminobutyric acid activated channels as target sites of insecticides, in

"Molecular Action of Insecticides on Ion Channels" Editor, JM Clark, 26-43, American Chemical Society, Washington.

Narahashi T (1996). Neuronal ion channels as the target sites of insecticides. Pharmacol. Toxicol., 79, 1-14.

Narahashi T (2000). Neuroreceptors ion channels as the basis for drug action: Past, Present and Future. J. Pharmacol. Exp. Ther., 294, 1-26.

Narendra M, Bhatracharyulu NC, Padmavathi P, Varadacharyulu NC (2007). Prallethrin induced biochemical changes in erythrocyte membrane and red cell osmotic haemolysis in human volunteers. Chemosphere, 67, 1065-1071.

Nasuti C, Cantalamessa F, Falcioni G, Gabbianelli R (2003). Different effects of type I and type II pyrethroids on erythrocyte plasma membrane properties and enzymatic activity in rats. Toxicology, 191, 233-244.

Nasuti C, Gabbianelli R, Falcioni ML, Di Stefano A, Sozio P, Cantalamessa F (2007). Dopaminergic system modulation, behavioral changes, and oxidative stress after neonatal administration of pyrethroids. Toxicology, 229, 194-205.

Nasuti C, Falconi ML, Nwankwo IE, Cantalamessa F, Gabbinelli R (2008). Effect of permethrin plus antioxidants on locomotor activity and striatum in adolescent rats. Toxicology, 251, 45-50.

Nicholls P, Fita I, Loewen PC (2000). Enzymology and structure of catalases. Advances in Inorganic Chemistry, 51, 51-106.

Niki E (1987). Antioxidant in relation to lipid peroxidation. Chem. Phy. Lipids, 44, 227-253.

Nordberg J and Arner ESJ (2001). Reactive oxygen species, antioxidants and the mammalian thioredoxin system. Free Radic. Med. Biol., 11, 1287-1312.

Noyan S (1994). Bioallethrin'in sıçanların karaciğer ve akciğer dokuları üzerine etkisinin incelenmesi. Uludağ Üniversitesi Sağlık Bilimleri Enstitüsü Histoloji ve Embriyoloji Anabilim Dalı Doktora Tezi, Bursa.

Noyan S, Noyan B, Sırmalı AŞ, Özlük K (1995). Bioallethrin (Tablet İnsektisid)'in sıçanların lökositer parametreleri üzerine etkisinin araştırılması. Uludağ Üniv. Tıp Fak. Derg., 1-2-3, 61-65.

NRC. National Research Council (1993). Pesticides in the diets of infants and children. Washington, DC: National Academy Press.

Numan IT, Hassan MQ, Stohs SJ (1990). Protective effects of antioxidants against Endrin-induced lipid peroxidation, glutathione depletion and lethality in rats. Arch. Environ. Contam. Toxicol., 19, 302-306

Oades RD (2002). Dopamine may be 'hyper' with respect to noradrenaline metabolism, but 'hypo' with respect to serotonin metabolism in children with attention-deficit hyperactivity disorder. Behav. Brain Res., 130, 97-102.

Osselaer JC, Jamart J, Scheiff JM (1997). Platelet distribution width for differential diagnosis of thrombocytosis. Clinical Chemistry, 43, 1072-1076.

Öğütçü A, Uzunhisarcıklı M, Kalender S, Durak D, Bayrakdar F and Kalender Y (2006). The effects of organophosphate insecticide diazinon on malondialdehyde levels and myocardial cells in rat heart tissue and protective role of vitamin E. Pestic. Biochem. Phys., 86, 93-98.

Özbilgin S, Sonal S, Mor F (1996). Sivrisinek kovucu likid piretroid insektisit preparatının ratlarda kronik toksik etkileri. Uludağ Üniversitesi Veteriner Fakültesi Dergisi, 15 (1-2-3), 217-228.

Özdem SS ve Şadan G (1994). Serbest oksijen radikallerinin oluşumu ve klinik açıdan önemi. Akdeniz Üni. Tıp Fak. Derg., 11, 63-71.

Packer L and Landvik S (1989). Vitamin E: introduction to biochemistry and health benefits. Ann. NY. Acad. Sci., 570, 1–6.

Paglia DE and Valentina WN (1967). Glutathione peroxidase. J. Lab. Cli. Med., 70, 158-169.

Parker CM, Piccirillo VJ, Kutrz SL (1984). Six-month feding study of fenvalerate in dogs. Fundam. Applied Toxicol., 4, 577-586.

Perger G and Szadkowski D (1994). Toxicology of pyrethroids and their relevance to human health. Ann Agric Environ Med, 1, 11-17.

Petkau A, Chelack W, Pleskach S, Meeker B, Brady C (1975). Radioprotection of mice by superoxide dismutase. Biochem. Biophys. Res. Commun., 65, 886-893.

Pittman JT, Dodd CA, Klein BG (2003). Immunohistochemical changes in the mouse striatum induced by the pyrethroid insecticide permethrin. International Journal of Toxicology., 22, 359-70.

Placer CA, Cushman LL, Johnson BC (1990). Estimation of product of lipid peroxidation (Malondy Dialdehyde) in biochemical systems. Anal. Biochem., 16, 259-264.

Porter NA (1984). Chemistry of lipid peroxidation. Methods Enzymol., 105, 273-283.

Prasanthi K, Muralidhara and Rajini PS (2005a). Fenvalerate-induced oxidative damage in rat tissues and its attenuation by dietary sesame oil. Food and Chemical Toxicology, 43, 299-306.

Prasanthi K, Muralidhara and Rajini PS (2005b). Morphological and biochemical perturbations in rat erythrocytes following in vitro exposure to fenvalerate and its metabolite. Toxicology in Vitro, 19, 449-456.

Prater MR, Gogal RM, Blaylock BL, Longstreth J, Holladay SD (2002). Single-dose topical exposure to the pyrethroid insecticide, permethrin in C57BL/6N mice: effects on thymus and spleen. Food and Chemical Toxicol., 40(12), 1863-1873.

Prut I and Belzung C (2003). The open field as a paradigm to measure the effects of drugs on anxiety-like behaviors: a review. European Journal of Pharmacol., 463, 3-33.

Ray DE and Cremer JE (1979). Action of decamethrin (a synthetic pyrethroid) on the rat. Pestic. Biochem. Physiol., 10, 333-340.

Ray DE (1991). Pesticides derived from plants and other organisms. Pyrethrum and releated compounds, in ''Handbook of Pesticide Toxicology'' Editors, WJ Hayes, JR Laws and ER, 2, 585-593, Academic Press, San Diego, California.

Reed DJ (2000). Mechanisms of chemically induced cell injury and cellular protection, in ''Introduction to Biochemical Toxicology'', editors, E Hodgson, RC Smart, Wiley and Sons Inc., United States of America, 221-253.

Repetto R and Baliga S (1997). Pesticides and immunosuppression: the risk to public health. Health Policy Plan., 12(2), 97-106.

Richardson JR, Taylor MM, Cory-Slechta DA, Shalat SL (2007). Developmental pesticide exposure: a new risk factor for adhd?. Environmental Etiologies of Neurological Disorders. Twenty-fourth International Neurotoxicology Conference, San antonio, Texas.

Rickard J and Brodie ME (1985). Correlation of blood and brain levels of the neurotoxic pyrethroid deltamethrin with the onset of symptoms in rats. Pestic. Biochem. Physiol., 23, 143-156.

Righi DA and Palermo-Neto J (2003). Behavioral effects of type II pyrethroid cyhalothrin in rats. Toxicology and Applied Pharmacology, 191, 167-176.

Robertson Dan E (2004). Catalases. U.S.P. No: 2004/0005655

RTECS. The Registry of Toxic Effects of Chemical Substances (1997). In: Tomes plus. Environmental Health and Safety Series I. CD-ROM. Vol. 35. Washington DC: National Institute for Occupational Safety and Health (NIOSH).

Ruigt GSF, Neyt HC, Van Der Zalm JM, Van Den Bercken J (1987). Increase of sodium current after pyrethroid insecticides in mouse neuroblastoma cells. Brain Research, 437, 309-322.

Sagvolden T, Johansen EB, Aase H, Russell VA (2005). A dynamic developmental theory of attention-deficit/hyperactivity disorder (ADHD) predominantly hyperactive/impulsive and combined subtypes. Behav. Brain Sci., 28, 397-419.

Sahhaf ZY (2006). Toxicity of sumithion in albino rats: Hematological and biochemical studies. Journal of Applied Sciences, 6(14), 2959-2962.

Santoni G, Cantalamessa F, Mazzucca L, Romagnoli S, Piccoli M (1997). Prenatal exposure to cypermethrin modulates rat NK cell cytotoxic functions. Toxicology, 120(3), 231-242.

Santoni G, Cantalamessa F, Cavagna R, Romagnoli S, Spreghini E, Piccoli M (1998). Cypermethrin-induced alteration of thymocyte distribution and functions in prenatally-exposed rats. Toxicology, 125(1), 67-78.

Santoni G, Cantalamessa F, Spreghini E, Sagretti O, Staffolani M, Piccoli M (1999). Alterations of T cell distribution and functions in prenatally cypermethrin-exposed rats: Possible involvement of catecholamines. Toxicology, 138(3), 175-187.

SAS (1998). PC SAS User's Guide: Statistics, SAS Inst. Inc., Cary, NC, USA.

Sato H, Arai M, Hagiwara A, Arai M (1985). Chronic toxicity and oncogenicity study of Pynamin Forte in rats. Daiyu-kai Institute of Medical Sciences, Nagoya, Japan (Technical Report No. KT-51-0058) (Proprietary data made available by Sumitomo Chemical Co., Ltd).

Satoh H (1995). Role of T-type Ca^{2+} channel inhibitors in the pacemaker depolarization in rabbit sino-atrial nodal cells. Gen. Pharmacol., 26, 581-87.

Sayım F, Karabay NU, Uyanıkgil Y, Aktuğ H, Yavasoğlu A, Turgut M (2005). Neurotoxic effects of cypermethrin in Wistar rats: a haematological, biochemical and histopathological study. J.Health Sci., 51(3), 300-307.

Setchell BP and Waites GMH (1975). The blood-testis barrier, chapter 6, in ''Handbook of physiology: Endocrinology V'' Editors, RO Creep, EB Astwood, SR Geiger, American Physiological Society, Washington DC.

Shafer TJ, Meyer DA, Crofton KM (2005). Developmental neurotoxicity of pyrethroid insecticides: critical review and future research needs. Environ. Health Perspect., 113(2), 123-136.

Shah MK, Khan A, Rizvi F, Sıddıque M, Sadeeq-ur-Rehman (2007). Effect of cypermethrin on clinico-haematological parameters in rabbits. Pakistan Vet. J., 27(4), 171-175.

Shakoori AR, Alsam F, Sabir M (1992). Effect of prolonged administration of insecticide (cyhalothrin/karate) on blood and liver of rabbits. Folia. Biol., 40, 91-99.

Sharma VP (2001). Health hazards of mosquito repellents and safe alternatives. Curr. Sci., 80, 341-343.

Sheets LP (2000). A consideration of age-dependent differences in susceptibility to organophosphorus and pyrethroid insecticides. Neurotoxicology, 21, 57-63.

Sheets LP, Doherty JD, Law MW, Reiter LW, Crofton KM (1994). Age-dependent differences in the susceptibility of rats to deltamethrin. Toxicol. Appl. Pharmacol., 126, 186-190.

Shehata A, Taha M, İbrahim T, Seedek A (1991). Toxopathological effects of ezalo mat on male albino mice. Egyptian journal of comparative pathology and clinical pathology, 4(1), 187-198.

Sheng L, Zheng X, Tong H, Liu S, Du J, Liu Q (2004). Purification and characterization of cytosolic isoenzyme III of Cu, Zn- süperoxide dismutase from tobacco leaves. Plant Science, 167(6), 1235-1241.

Sherby SM, Eldefrawi AT, Deshpande SS, Albuquerque EX, Eldefrawi ME (1986). Effects of pyrethroids on nicotinic acetylcholinereceptor binding and function. Pestic. Biochem. Physiol., 26, 107-115.

Shettgen T, Heudorf U, Drexler H, Angerer J (2002). Pyrethroid exposure of the general population—is this due to diet. Toxicol. Lett., 134, 141–145.

Singh KK, Jha GJ (1996). Effect of chronic fenvalerate (Synthetic pyrethroid) intoxication on the immune response of goats to Brucella abortus strain 19 vaccine. Journal of Comparative Pathology, 115(3), 299-303.

Sinha C, Agrawal AK, Islam F, Seth K, Chatuverdi RK, Shukla S, Seth PK (2004). Mosquito repellent (pyrethroid-based) induced dysfunction of blood-brain barrier permeability in developing brain. Int. J. Dev. Neurosci., 22(1), 31-37.

Sinha C, Seth K, Islam F, Chaturvedi RK, Shukla S, Mathur N, Srivastava N, Agrawal AK (2006). Behavioral and neurochemical effects induced by pyrethroid-based mosquito repellent exposure in rat offsprings during prenatal and early postnatal period. Neurotoxicology and Teratology., 28, 472-481.

Slater TF (1984). Overwiev of methods used for dedecting lipid peroxidation. Method Enzymol., 105, 283-305.

Smith TM and Glenn WS (1986). Effects of synthetic pyrethroid insecticides on non target organism. Residue Reviews, 97, 93-120.

Soderlund DM (1985). Pyrethroid-receptor interactions: stereospecific binding and effects on sodium-channels in mouse-brain preparations. Neurotoxicology, 6, 35- 46.

Soderlund DM, Clark JM, Sheets LP, Mullin LS, Piccirillo VJ, Sargent D, Stevens JT, Weiner ML (2002). Mechanisms of pyrethroid neurotoxicity: implications for cumulative risk assessment. Toxicology, 171(1), 3-59.

Song J-H and Narahashi T (1995). Selective block of tetramethrin-modified sodium channels by (+/-)-alpha-tocopherol (vitamin E). J. Pharmacol. Exp. Ther., 275, 1402-11.

Song J-H and Narahashi T (1996). Modulation of sodium channels of rat cerebellar purkinje neurons by the pyrethroid tetramethrin. J. Pharmacol. Exp. Ther., 277, 445-53.

Soubrie P (1971). Open field chez le rat: interrelations entre locomotion exploration et emotivite. J. Pharmacol., 2, 457.

Spiteller G (1996). Enzyme lipid peroxidation; a consequence of cell injury. Free Rad. Biol. Med., 21, 1003-1009.

Spiteller G (2001). Peroxidation of linoleic acid and its relation to aging and age dependent diseases. Mechanisms of Ageing and Development, 122, 617-657.

Stern A (1985). Red cell oxidative damage, in ''Oxidative Stress'' Editor, H Sies, 331-349, Academic Press, New York.

Sudakin DL and Trevathan WR (2003). DEET: A review and update of safety and risk in the general population. J. Toxicol., Clin. Toxicol., 41, 831-839.

Şanlı Y, Kaya S (1994). Veteriner İlaç Rehberi ve Uygulamalı Bilgiler El Kitabı. Medisan Yayınevi, Ankara.

Şanlı Y (1998): Veteriner İlaçları Rehberi ve Bilinçli İlaç Kullanımı El Kitabı. ICC Yayınevi, Ankara.

Takahashi O, Oishi S, Fujitani T, Tanaka T, Yoneyama M (1994). Chronic toxicity studies of piperonyl butoxide in F344 rats: induction of hepatocellular carcinoma. Fund. Appl. Toxicol., 22, 293-303.

Talts U, Fredriksson A, Eriksson P (1998a). Changes in behavior and muscarinic receptor density after neonatal and adult exposure to bioallethrin. Neurobiol. Aging., 19, 545-552.

Talts U, Talts JF, Eriksson P (1998b). Differential expression of muscarinic subtype mRNAs after exposure to neurotoxic pesticides. Neurobiology of aging, 19, 553-9.

Toś-Luty S, Latuszyńska J, Przylepa E (1999). Zastosowanie testów platkowych i odpowiedzi ukladu granulocytamego w ocenie naraźenia na pestycydy. 16/98/SPR-1 manuskrypt.

Trainer VL, McPhee JC, Boutelet-Bochan H, Baker C, Scheuer T, Babin D, Demoute J-P, Guedin D, Catteral WA (1997). High affinity binding of pyrethroids to the alpha subunit of brain sodium channels. Mol. Pharmacol., 51, 651-7.

Tucker SB, Flannigan SA, Ross CE (1984). Inhibition of cutaneous paresthesia resulting from synthetic pyrethroid exposure. Int. J. Dermatol., 23, 686-9.

Tuppo EE and Forman IJ (2001). Free radical oxidative damage and Alzheimer's disease. J. Am. Osteopath. Assoc., 101,11-15.

Uluköy GS (1992). Stizostedion lucioperca L. balıklarında farklı konsantrasyondaki bazı pestisitlerin oluşturabileceği hematolojik ve histopatolojik değişimlerin incelenmesi üzerine bir araştırma. Ege Üniv. Su Ürünleri Fak., Su Ürünleri Derg, 10(37-38-39), 1-96.

Vafa B and Schofield PR (1998). Heritable mutations in the glycine, $GABA_A$ and nicotinic acetylcholine receptors provide new insight into the ligand-gated ion channel receptor superfamily. Int. Rev. Neurobiol., 42, 285-332.

Vaccari Am Ruiu S, Mocci I, Saba P (1998). Selected pyrethroid insecticides stimulate glutamate uptake in brain synaptic vesicles. Neuroreport, 9(15), 3519-23.

Valavanidis A, Vlahogianni T, Dassenakis M, Scoullos M (2006). Molecular biomarkers of oxidative stress in aquatic organisms in relation to toxic environmental pollutants. Ecotoxicology and Environmental Safety, 64, 178-189.

Valentine WM (1990). Pyrethrin and Pyrethroid insecticides. Vet. Clin. North Am. Small Anim. Pract., 20(2), 375-382.

Varshneya C, Singh T, Sharma LD, Bahga HS, Garg SK (1992). Immunotoxic responses of cypermethrin, a synthetic pyrethroid insecticide in rats. Indian Journal of Physiology and Pharmacology, 36(2), 123-126.

Verschoyle RD and Aldridge WN (1980). Structure-activity relationships of some pyrethroids in rats. Arch. Toxicol., 45, 325-329.

Verma RS, Mehta A, Srivastava N (2007). In vivo chlorpyrifos induced oxidative stress: attenuation by antioxidant vitamins. Pestic. Biochem. Phys., 88, 191-196.

Vijverberg HP and Van Den Bercken J (1990). Neurotoxicological effects and the mode of action of pyrethroid insecticides. Toxicology, 21, 105-126.

Vural N (1984). Toksikoloji. Ankara Üniversitesi Basımevi, Ankara.

West JR, Smith HW, Chasi H (1948). Glomerular filtration rate, effective renal blood flow and maximal tubular excretory capacity in infancy. J. Pediatr., 32, 10-18.

Wheeler CR, Salzman JA, Elsayed NM, Omaye ST, Korte DW Jr (1990). Automated assays for superoxide dismutase, catalase, glutathione peroxidase and glutathione reductase activity. Anal. Biochem., 184(2), 193-199.

WHO (1989). Allethrins. In Environmental Health Criteria 87 (International programme on chemical safety), IPCSINTOX Databank, Geneva.

WHO (2003). Bioallethrin. FAO/WHO evaluation report 203. World Health Organization, Geneva.

WHO (2005). Safety of Pyrethroids for Public Health Use. World Health Organization (WHO / CDS / WHOPES / GCDPP / 2005.10) (WHO/PCS /RA / 2005.1)

Wolf R, Wolf D, Ruocco V (1998). Vitamin E: the radical protector. Journal of the European Academy of Dermatology and Venerology, 10, 103-117.

Woolliams JA, Wiener G, Anderson PH, McMurray CH (1983). Research in Veterinary Science, 34, 253-256.

Yavaşoğlu A, Sayım F, Uyanıkgil Y, Turgut M, Karabay-Yavaşoğlu NU (2006). The Pyrethroid - cypermethrin-induced biochemical and histological alternations in rat liver. Journal of Health Science J.Health Sci., 52(6), 774-780.

Yavuz T, Delibaş N, Yıldırım B, Altuntaş I, Candır O, Cora AN (2004). Vascular wall damage in rats induced by methidathion and ameliorating effect of vitamins E and C. Arch. Toxicol., 78, 655-659.

Yousef MI, Ibrahim HZ, Yacout MHM, Hassan A (1998). Effect of cypermethrin and dimethoate on some physicological and biochemical parameters in Bakri sheep. Egypt J. Nutr. Feeds, 1, 41-52.

Yousef MI, El-Demerdash FM, Kamel KI, Al-Salhen KS (2003). Changes in some haematological and biochemical indices of rabbits induced by isoflavones and cypermethrin. Toxicology, 189, 223-234.

Yousef MI, Talaat AI, Edriss MH (2006). Deltamethrin-induced oxidative damage and biochemical alterations in rat and its attenuation by Vitamin E. Toxicolgy, 227, 240-247.

Yun JS, Na HK, Park KS, Lee YH, Kim EY, Lee SY, Kim JI, Kang J-H, Kim DS, Choi KH (2005). Protective effects of Vitamin E on endocrine disruptors, PCB-induced dopaminergic neurotoxicity. Toxicology, 216, 140-146.

Zhang Z, Sun J, Chen S, Wu Y, He F (1991). Levels of exposure and biological monitoring of pyrethroids in spraymen. Br. J. Ind. Med., 48, 82-6.

Zhao L (2001). Glutathione, a ubiquitous thiol. Iowa University. Free radical and radiation biology graduate program, Iowa, 10s (yayınlanmamış).

Zlotkin E (1999). The insect voltage-gated sodium channel as target of insecticides. Annu. Rev. Entomol., 44, 429-455.

Özgeçmiş

1978 yılında Van'da doğdu. İlk, orta ve lise öğrenimimi aynı ilde tamamladı. 1996 yılında Fırat Üniversitesi Veteriner Fakültesinde lisans öğrenimine başladı ve 2001 yılında Yüzüncü Yıl Üniversitesi Veteriner Fakültesinden Veteriner Hekim ünvanıyla mezun oldu. 2003 yılında Veteriner Fakültesi Farmakoloji ve Toksikoloji Anabilim Dalı'nda doktora öğrenimine başladı. 2004 yılından itibaren aynı fakültede araştırma görevlisi, 2009yılından itiberen de yardımcı doçent olarak çalışmaktadır. Evli ve bir çocuk annesidir.

MIX
Papier | Fördert gute Waldnutzung
FSC® C083411

Kolibri 360 GmbH
Ferdinand-Jühlke-Straße 7
99095 Erfurt, Deutschland
produktsicherheit@kolibri360.de

Druck:
CPI Druckdienstleistungen GmbH
im Auftrag der
Kolibri 360 GmbH
Ferdinand-Jühlke-Str. 7
99095 Erfurt